Erfolgreich im Assessment-Center

Bewerbung Last Minute

Christian Püttjer und **Uwe Schnierda** kennen die Wünsche und Hoffnungen, aber auch Sorgen und Nöte von Bewerberinnen und Bewerbern seit rund 20 Jahren. Ihre umfassenden Erfahrungen aus der Optimierung von Bewerbungsunterlagen, aus Einzelcoachings und aus Seminaren bringen sie in ihre praxisnahen Ratgeber ein, die exklusiv im Campus Verlag erscheinen. Die konkreten Tipps, die klare Sprache und die motivierende Unterstützung von Püttjer & Schnierda haben schon über einer Million Leserinnen und Lesern weitergeholfen.

PÜTTJER & SCHNIERDA

Erfolgreich im Assessment-Center

Campus Verlag
Frankfurt/New York

ISBN 978-3-593-39687-3

3., aktualisierte und überarbeitete Auflage 2012

Das Werk einschließlich aller seiner Teile ist urheberrechtlich geschützt.
Jede Verwertung ist ohne Zustimmung des Verlags unzulässig. Das gilt
insbesondere für Vervielfältigungen, Übersetzungen, Mikroverfilmungen
und die Einspeicherung und Verarbeitung in elektronischen Systemen.
Copyright © 2008 Campus Verlag GmbH, Frankfurt am Main
© der 3., aktualisierten und überarbeiteten Auflage 2012
Campus Verlag GmbH, Frankfurt am Main
Umschlagfoto: Becker Lacour, Frankfurt am Main
Gestaltung: hauser lacour, Frankfurt am Main
Satz: Publikations Atelier, Dreieich
Druck und Bindung: Beltz Druckpartner, Hemsbach
Printed in Germany

Dieses Buch ist auch als E-Book erschienen.
www.campus.de

Inhalt

Einleitung: Fünf Assessment-Center
in Ihrem Berufsleben? 9
   Wir werden Sie unterstützen 10
   Ihre Weiterbildung zum Thema Assessment-Center 11

Bewerben mit der Püttjer & Schnierda-
Profil-Methode® 12

1. Stresstest Assessment-Center 14
   Was ist ein Assessment-Center? 14
   Was wird geprüft? 19
   Übungen im Assessment-Center 20

2. Vorbereitung: Ihre Suche nach Interna 23
   Unternehmensziele im Blick 24
   Aktuelle Trends in Ihrem Arbeitsgebiet 24
   So können Sie Informationen nutzen 25

3. Selbstpräsentation: Ihr erster Auftritt 28
   Ring frei zur ersten Runde 28
   Fehler in der Selbstpräsentation 31
   So gelingt Ihre Selbstpräsentation 33

4. Gruppendiskussion: Ihr Teamgeist 39
   Bewährungsprobe in der Gruppe 39
   Minuspunkte in der Gruppendiskussion 44
   Überzeugen in der Gruppendiskussion 47

5. Mitarbeitergespräch: Ihre Führungsstärke . 55
Führungsqualitäten sind gefragt 55
Chefs auf dem Holzweg 58
Gute Führung in Aktion 61

6. Kundengespräch: Ihre Kundenorientierung ... 67
Kundenbedürfnisse im Blick 67
Der Kundenschreck 69
Der überzeugende Verkäufer 72

7. Vortrag: Ihre Präsentationsstärke 78
Präsentieren Sie Ihre Ideen 78
Angst vor dem Publikum 82
Reden wie ein Profi 85

8. Interview: Ihr berufliches Profil 91
Soft Skills im Interview 91
Fehlerhafter Auftritt 94
Gutes Profil 97

9. Übungen und Tests: Ihre Problemlösungsstärke 102
Fallstudie: Ihr analytisches Geschick 102
Postkorb: Ihre Entscheidungsfreude 105
Konstruktionsübung: Ihre Kreativität 108
Test: Ihr Auffassungsvermögen 111

10. Heimliche Übungen: Ihr Durchhaltevermögen 116
Ständig unter Beobachtung 116
Durchhalten ohne Einbruch 118

11. Selbsteinschätzung: Ihr Reflexionsvermögen 122
Wie sieht Ihr Selbstbild aus? 122

12. Online-Assessment: Ihr Test im Internet 126
Richtig geklickt 126

Stellen Sie sich der Herausforderung Assessment-Center 131

Register 133

Einleitung:
Fünf Assessment-Center
in Ihrem Berufsleben?

Auch wenn es kein Geheimnis ist, dass die meisten Fachkräfte, Hochschulabsolventen und Führungskräfte davon ausgehen können, in ihrer beruflichen Laufbahn zumindest einmal mit einem Assessment-Center konfrontiert zu werden, hat es uns doch überrascht, als einer unserer Kunden uns kürzlich in einem Einzelcoaching von seinen fünf Assessment-Centern berichtete, die er in seinem bisherigen Werdegang durchlaufen »durfte«.

Das erste Assessment-Center hatte er bei einer Bank, um den Ausbildungsplatz als Bankkaufmann zu bekommen, das zweite bei derselben Bank, um im Anschluss an die Ausbildung als Kundenberater tätig werden zu können. Dann entschied sich unser Kunde doch noch zu studieren und durchlief am Ende seines Studiums Assessment-Center Nummer drei, um einen Platz im Traineeprogramm eines Energieversorgers zu bekommen. Bei diesem Arbeitgeber fanden auch Assessment-Center Nummer vier und fünf statt. Einmal um sich die erste Führungsposition als Teamleiter zu erobern und ein weiteres Mal um mit einem Karrieresprung zum Abteilungsleiter aufzusteigen.

Die Erfahrungen unseres Kunden bestätigen anschaulich, dass immer mehr Unternehmen bei der Personalauswahl auf Assessment-Center vertrauen, und zwar auf allen Hierarchiestufen. Bei der Auswahl neuer Mitarbeiter genügt vielen Firmen die Sichtung von Bewerbungsunterlagen und das Führen von Vorstellungsgesprächen nicht mehr. Sie möchten auch wissen, wie sich die Kandidaten live bewähren – und führen deshalb Assessment-Center durch.

Wir werden Sie unterstützen

An dieser Stelle setzt unsere Aufgabe ein, denn wir möchten Sie informieren, unterstützen und motivieren, damit Sie Ihr Assessment-Center bestehen. Dabei sehen wir uns als Schnittstelle zwischen internen Personalabteilungen der Firmen und externen Personalberatern auf der einen Seite und Ihnen auf der anderen Seite an. Wir kennen die aktuellsten und gängigen Anforderungen, die Bewerberinnen und Bewerber im Assessment-Center erfüllen müssen. Und an diesem Wissen möchten wir Sie gerne teilhaben lassen.

Dieser Ratgeber wird Ihnen dabei helfen, zu erkennen, worauf es im Assessment-Center ankommt und wie Sie sich vorbereiten können. Wir werden Ihnen sowohl häufige Fehler und typische Fallen erläutern, aber auch überzeugende Strategien und Argumentationsketten vorstellen.

Die Erfahrung aus unserer Beratungspraxis und unseren Seminaren bestätigt immer wieder, dass es einen großen Unterschied macht, ob Bewerber ein Assessment-Center vorbereitet oder unvorbereitet angehen. Wer in den einzelnen Übungen erst rätseln muss, was denn nun von ihm erwartet wird, hat schlechte Karten. Daher sollten Sie sich in einem ersten Schritt darüber informieren, welche Übungen und Tests im Assessment-Center auf Sie zukommen. Der nächste Schritt der Vorbereitung sind dann ausgewählte Trainingseinheiten, mit denen Sie gezielt trainieren, beispielsweise um Vielredner in Gruppendiskussionen zu unterbrechen oder um in Kundengesprächen die Vorteile Ihrer Dienstleistung oder Ihres Produktes klar herausstellen zu können.

Ihre Weiterbildung zum Thema Assessment-Center

Die Vorbereitung auf Ihr Assessment-Center sollte unserer Erfahrung nach nicht als das Auswendiglernen bestimmter Antworten, sondern als eine taktische Fortbildung betrachtet werden. Wer schon im Berufsleben steht, weiß, wie wichtig Weiterbildungsmaßnahmen auch außerhalb des fachlichen Bereiches sind. So wird demjenigen, der schon einmal ein Rhetorikseminar gemacht hat, der nächste Vortrag besser gelingen. Wer Kommunikationstechniken beherrscht, wird Gespräche besser steuern können, und wer die Regeln der Moderation beherrscht, wird Diskussionsrunden besser in den Griff bekommen.

Entscheidend ist daher, die verschiedenen Anforderungen im Assessment-Center zu durchschauen und mit einer geeigneten Vorbereitung die Anforderungen in den Griff zu bekommen. Bei dieser Vorbereitungsarbeit wird Ihnen dieser Ratgeber helfen. Lassen Sie sich von uns zeigen,

→ **wie Sie gängige Fehler vermeiden,**
→ **wie Sie eine gelungene Selbstpräsentation liefern,**
→ **wie Sie in Gruppendiskussionen und Rollenspielen überzeugen,**
→ **wie Sie im Interview Ihr berufliches Profil glaubhaft darlegen,**
→ **wie Sie Übungen und Tests souverän bewältigen,**
→ **wie Sie auch im Online-Assessment bestehen.**

Die vielen Beispiele werden Ihnen dabei helfen zu erkennen, worauf es im Assessment-Center ankommt. Wenn Sie unsere Tipps und Techniken beherzigen, wird dieses Auswahlverfahren seinen Schrecken für Sie verlieren.

Grundlage unserer Beratungstätigkeit ist die von uns entwickelte Profil-Methode, die wir Ihnen jetzt kurz vorstellen. Und dann geht es los mit Ihrem Assessment-Center-Training.

Bewerben mit der Püttjer & Schnierda-Profil-Methode®

Gesichtslose Bewerber machen es sich und den Firmen unnötig schwer, zueinander zu finden. Machen Sie es besser: Sie werden sich im Assessment-Center mehr Gehör verschaffen, wenn Sie Ihr Profil aussagekräftig und glaubwürdig vermitteln können. Die Profil-Methode®, die wir dazu in unserer rund 20-jährigen Beratungspraxis (www.karriereakademie.de) entwickelt haben, hat schon vielen Bewerbern zu mehr Erfolg verholfen.

Drei Kernelemente kennzeichnen die Profil-Methode®: Punkten Sie mit einem passgenauen Auftritt, vermitteln Sie Ihre Stärken und treten Sie glaubwürdig auf.

1. Passgenauigkeit Je besser Sie im Assessment-Center auf die Anforderungen eingehen, desto höher ist Ihre Erfolgsquote. Machen Sie sich den Blick der Beobachter, Personalberater und Entscheider zu eigen. Durchschauen Sie, was in den einzelnen AC-Übungen eingefordert wird, und treten Sie entsprechend auf. So wird Ihr Auftritt passgenau.

2. Stärkenorientierung Niemand lässt sich durch Konflikt- und Problemschilderungen von etwas überzeugen – auch Firmen nicht! Verzichten Sie deshalb auf Selbstabwertungen und Relativierungen Ihrer Leistungen. Stellen Sie stattdessen lieber Ihre Vorzüge in den Mittelpunkt. So werden Ihre Stärken sichtbar.

3. Glaubwürdigkeit Verbiegen Sie sich nicht im Assessment-Center, Ihre Persönlichkeit ist gefragt! Verstecken Sie sich nicht hinter Leerfloskeln und abstrakten Formulierungen, liefern Sie stattdessen nachvollziehbare Beispiele, die Ihren Auftritt mit Leben füllen. So gewinnen Sie Glaubwürdigkeit.

Alle im Campus Verlag erschienenen Bewerbungsratgeber von uns basieren auf der Profil-Methode®. Profitieren auch Sie von unserem Expertenwissen. Nutzen Sie dieses Trainingsbuch dazu, im Assessment-Center passgenau, stärkenorientiert und glaubwürdig aufzutreten.

1. Stresstest Assessment-Center

Wenn es um die Auswahl neuer Mitarbeiterinnen und Mitarbeiter geht, vertrauen immer mehr Unternehmen auf das so genannte Assessment-Center. Und auch in der internen Personalentwicklung gewinnt das Assessment-Center einen immer höheren Stellenwert und nimmt neben Beurteilungsgesprächen und Empfehlungen der Vorgesetzten eine wichtige Rolle ein. Aber was ist ein Assessment-Center überhaupt?

Was ist ein Assessment-Center?

Das Assessment-Center ist ein Gruppenauswahlverfahren: Zusammen mit anderen Kandidaten muss der Bewerber unter Beobachtung verschiedene Aufgaben lösen. So werden beispielsweise Gruppendiskussionen durchgeführt, Rollenspiele wie Mitarbeiter- und Kundengespräche veranstaltet, Präsentationen von den einzelnen Bewerbern verlangt oder Tests und Übungen wie der Postkorb gestellt.

Im Assessment-Center wird die Kandidatengruppe von mehreren Beobachtern aus dem Unternehmen begutachtet. Meistens werden Linienvorgesetzte als Beobachter eingesetzt, die zwei Stufen über den zu prüfenden Kandidaten stehen. Bewerben Sie sich also für die Position eines Gruppenleiters, könnten die Beobachter Abteilungsleiter sein, falls es die Zwischenstufe Teamleiter im Unternehmen gibt. Auch Berufseinsteiger treffen üblicherweise auf Beobachter, die Abteilungsleiterfunktionen innehaben.

Mit der Durchführung des Assessment-Centers wird entweder die interne Personalabteilung beauftragt, oder es wird eine externe Personal- oder Unternehmensberatung engagiert. Üblicherweise führt ein Vertreter der hausinternen Abteilung für Personalfragen oder ein Personalberater als Moderator durch das Assessment-Center. Er erläutert die Übungen zu Beginn, gibt schriftliche Unterlagen und Rollenvorgaben aus und beginnt und beendet die einzelnen Übungen.

Damit die Beobachter aus der Firma wissen, auf welche Details sie im Assessment-Center besonders zu achten haben, werden sie auf diese Aufgabe ausführlich vorbereitet. Dabei erläutert man ihnen in vorhergehenden Seminaren, unter welchen Aspekten sie die Kandidaten in den einzelnen Übungen besonders zu beobachten haben.

Als Sonderfall für Führungskräfte der Top-Ebene gibt es auch noch das Einzel-Assessment. Wie der Name schon sagt, wird dieses nicht in einer Gruppe durchgeführt, der Kandidat trifft allerdings – mit Ausnahme der Gruppendiskussion – auf die gleichen Übungen und wird auch von mehreren Beobachtern bewertet.

> **Das sollten Sie sich merken:**
> Bei der Durchführung des Assessment-Centers steht das sichtbare Verhalten der Kandidaten im Zentrum: In möglichst berufsnahen Aufgabenstellungen soll die Persönlichkeit der Bewerber überprüft werden.

Nicht immer muss ein Assessment-Center auch so benannt sein. So nennen manche Unternehmen ihre Assessment-Center auch Potenzialanalyse, Profil-Workshop, Kennenlerntag, Bewerberrunde, Personalentwicklungsseminar, Management-Audit, Potenzialerfassung für Nachwuchsführungskräfte, Development-Center, Förderseminar, Feedback-Report, Auswahlseminar oder auch Leadership-Check.

Assessment-Center können ein- oder zweitägig angelegt sein. Inzwischen setzt sich bei der Mehrzahl der Unternehmen – vor allen Dingen auch aus Kostengründen – die eintägige Variante durch. Damit Sie einmal sehen können, wie der Ablauf in der Praxis aussehen kann, stellen wir Ihnen nun beispielhaft ein Assessment-Center eines Automobil- und eines Handelsunternehmens vor.

Assessment-Center Automobilunternehmen

Begrüßung durch den Moderator des Assessment-Centers, Vorstellung der Beobachter und Überblick über den Tagesverlauf.

1. Selbstpräsentation
Aufgabe: »Geben Sie bitte einen kurzen Abriss Ihrer Biografie!«

2. Gruppendiskussion
Aufgabe: »Sollte unser Automobilunternehmen in die Formel 1 einsteigen? Und in welcher Form sollte dies geschehen?«

3. Mitarbeitergespräch
Aufgabe: »Überzeugen Sie als Abteilungsleiter einen Ihrer Mitarbeiter davon, zusätzliche Aufgaben zu übernehmen. Ihr Mitarbeiter hat gerade mit einem Projekt Schiffbruch erlitten und wird voraussichtlich nicht an weiteren Zusatzaufgaben interessiert sein.«

4. Fallstudie
Aufgabe: »Erarbeiten Sie für die Geschäftsführung eine Entscheidungsvorlage zur Entsorgung von Altfahrzeugen. Die gesetzlichen Bestimmungen, die Aufstellungen über die zu erwartende Menge an Rückläufern und ein Überblick über bereits bestehende Logistikketten werden Ihnen in einer Dokumentationsmappe ausgehändigt.«

5. Vortrag mit Fragerunde
Aufgabe: »Stellen Sie ein Zukunftsthema aus Ihrem eigenen Fachbereich dar, und beantworten Sie im Anschluss die Fragen Ihrer Zuhörer.«

6. Interview
Aufgabe: »Beantworten Sie Fragen zu Ihrer Person, Ihren Stärken und Schwächen, zu Ihrer Veränderungsbereitschaft und zu Ihren beruflichen Erfolgen und Misserfolgen.«

7. Selbsteinschätzung
Aufgabe: »Füllen Sie einen Fragebogen zu Ihren Stärken und Schwächen aus, die im Assessment-Center deutlich geworden sind. Besprechen Sie den Bogen mit den Beobachtern.«

Assessment-Center Handelskonzern

Begrüßung durch die Personalleiterin, kurze Vorstellungsrunde der Beobachter aus den drei Fachabteilungen (Einkauf, Kundenservice, Logistik)

1. Selbstpräsentation
Vorbereitungszeit 30 Minuten,
Fünf Minuten Selbstpräsentation (mit Themenvorgabe: »Warum sollten wir gerade Sie einstellen? – Bitte überzeugen Sie uns!«), zwei Nachfragen aus der Beobachterrunde sind im Anschluss zu beantworten.

2. Mitarbeitergespräch
Vorbereitungszeit 15 Minuten, 15 Minuten für das Gespräch. Thema: »Sie sind Teamleiter/in: Einer Ihrer Mitarbeiter wirkt in letzter Zeit etwas bedrückt und wirkt bei der Arbeit wenig engagiert. Finden Sie die Gründe heraus und sorgen Sie für mehr Engagement beim Mitarbeiter!«

3. Fallstudie
Vorbereitungszeit 30 Minuten, 15 Minuten Ausführung. Thema: »Welche Informationen sind notwendig, um eine Investitionsentscheidung für einen neuen Unternehmensstandort zu treffen?« Die Kandidaten bekommen Unterlagen mit Informationen ausgehändigt.

4. Gruppendiskussion
Keine Vorbereitungszeit, 40 Minuten Diskussion. Die Gruppe wurde in einen Raum geführt, in dem zehn Tische und Stühle in einem Halbkreis standen. Jeder konnte seinen Platz frei wählen. Dem Halbkreis gegenüber saßen die acht Beobachter. Thema: »Die Zukunft des Internet-Warenhauses.«

5. Abschluss
Einzelfeedback über die Leistungen im Assessment-Center. Absage oder Einladung zum zweiten Assessment-Center.

Bevor das Assessment-Center durchgeführt wird, macht sich der Organisator – also die Personalabteilung oder die Personalberatung – Gedanken darüber, welches Verhalten man in den einzelnen Übungen gerne von den Kandidaten sehen möchte. Daraufhin werden Beobachtungsbögen konstruiert, auf denen die Beobachter während der Übungen ihre Notizen machen.

Nach dem Assessment-Center werden dann die Beobachtungsbögen ausgewertet, und es wird überprüft, ob die einzelnen Kandidaten das vorher festgelegte Anforderungsprofil erfüllt haben. Um also im Assessment-Center erfolgreich bestehen zu können, sollten Sie sich unbedingt Gedanken darüber machen, was von Ihnen eingefordert wird.

Was wird geprüft?

Der Fokus im Assessment-Center liegt ganz klar auf der Beurteilung der Soft Skills von Bewerbern beziehungsweise Mitarbeitern. Ein Assessment-Center ist also kein Wissenstest, sondern vielmehr ein Verhaltens-Check. Da inzwischen alle Unternehmen gemerkt haben, wie wichtig Soft Skills sind – auch soziale Kompetenz, Persönlichkeitsmerkmale oder außerfachliche Kompetenzen genannt –, wollen sie diese auch möglichst genau überprüfen.

In den einzelnen Übungen werden unterschiedliche Soft Skills abgefragt. So werden beispielsweise Gruppendiskussionen durchgeführt, um festzustellen, wie ausprägt die Merkmale Überzeugungsfähigkeit, Veränderungskompetenz, Einfühlungsvermögen, Argumentationsverhalten, Kooperation oder Wertschätzung sind. In Mitarbeitergesprächen hingegen werden eher Soft Skills wie Durchsetzungsvermögen, Zielorientierung, Entscheidungsfreude, Sensibilität oder unternehmerisches Denken überprüft.

Es ist auch unter Personalverantwortlichen ein offenes Geheimnis, dass eine der Hauptleistungen der Assessment-Center-Kandidaten darin besteht, sich über die Anforderungen klar zu werden, die in den einzelnen Übungen an sie gestellt werden. Dabei gibt es ein übergreifendes Leitbild, an dem Sie sich grob orientieren können: Meistens setzt sich nämlich der *unternehmerisch denkende, entscheidungsfreudige und stressresistente Teamplayer* durch.

Natürlich gibt es bei diesem Leitbild auch Abweichungen. So gibt es bei den verschiedenen Assessment-Centern zumeist Unterschiede in der eingeforderten Durchsetzungsfähigkeit: Bei Assessment-Centern für Führungspositionen wird beispielsweise ein höherer Durchsetzungsfaktor verlangt als bei Assessment-Centern für Fachspezialisten, bei denen es eher auf das Kooperationsverhalten ankommt.

In Ihre Vorbereitung für das Assessment-Center sollten Sie also unbedingt auch Informationen über die ausgeschriebene Stelle einfließen lassen. Werfen Sie deshalb einen gründlichen Blick auf die Stellenanzeige oder recherchieren Sie im Internet auf der Firmenhomepage. Weitere Tipps für Ihre Suche nach Interna zum Assessment-Center bekommen Sie im anschließenden Kapitel.

Grundsätzlich können Sie sich sehr gut an unserem Leitbild orientieren: Geben Sie sich *unternehmerisch denkend*, indem Sie bei Ihren Argumentationen und Präsentationen die Kosten im Blick behalten; dokumentieren Sie Ihre *Entscheidungsfreude*, indem Sie eindeutige Empfehlungen aussprechen; weisen Sie Ihre *Stressresistenz* durch einen souveränen Auftritt nach; und geben Sie sich als *Teamplayer*, der auf Vorschläge anderer eingehen kann und darauf achtet, dass alle Beteiligten ihre Ideen einbringen können.

Übungen im Assessment-Center

Assessment-Center bestehen aus verschiedenen Übungen, in denen sich die Ursprungsidee klar wiederfinden lässt: nämlich die Kandidaten in unterschiedlichen Situationen zu erleben, die so auch im Berufsleben auftauchen können. Wir haben die verschiedenen Übungen einmal für Sie zusammengefasst:

→ **Selbstpräsentation,**
→ **Gruppendiskussion,**
→ **Mitarbeitergespräch,**
→ **Kundengespräch,**
→ **Vortrag,**
→ **Interview,**
→ **Fallstudie,**
→ **Konstruktionsübung,**

→ Postkorbübung,
→ verschiedene Arten von Tests,
→ Selbsteinschätzung.

Zusätzlich zu den oben aufgelisteten offiziellen Übungen gibt es auch noch die so genannten »heimlichen Übungen«: Beim Assessment-Center stehen Sie schließlich vom Anfang bis zum Ende unter Beobachtung, und das schließt auch die Pausen nicht aus. Wer beispielsweise beim Mittagessen über andere Teilnehmer oder die Art der Durchführung des Assessment-Centers herzieht, kassiert Minuspunkte. Oft wird sogar erwartet, dass Sie von sich aus auf Mitkandidaten zugehen und etwas Small Talk betreiben.

> **Vorsicht Falle!**
> Achten Sie darauf, sich auch in Pausen und Wartezeiten keine Blöße zu geben, wenn Sie unter »heimlicher Beobachtung« stehen.

Nicht in jedem Assessment-Center werden alle genannten Übungen eingesetzt. Es gibt aber ein Grundgerüst, das Sie fast immer erwartet: Ein typisches eintägiges Assessment-Center enthält die Übungen Selbstpräsentation, Gruppendiskussion, Vortrag, Mitarbeitergespräch beziehungsweise Kundengespräch. Im gängigen Szenario eines zweitägigen Assessment-Centers finden sich zusätzlich die Übungen Fallstudie und Postkorb.

Wir werden Ihnen nun zunächst Tipps für die Vorbereitung auf Ihr spezielles Assessment-Center geben. Und in den folgenden Kapiteln schildern, welche Aufgabenstellungen Sie in den einzelnen Übungen erwarten, wie Sie diese Aufgaben lösen und mit welcher Vorgehensweise Sie die Beobachter überzeugen können

2. Vorbereitung: Ihre Suche nach Interna

Wenn wir unsere Kunden trainieren, setzen wir bei der Suche nach Interna über das anstehende Assessment-Center an mehreren Punkten an. Zunächst analysieren wir, wie sich das Unternehmen selbst sieht und welche Trends in dem jeweiligen Arbeitsgebiet zu verzeichnen sind. Zudem klären wir, ob es vielleicht auch möglich ist über Kollegen an interne Informationen des jeweiligen Unternehmens kommen.

Auch für Sie gilt: Je genauer Sie sich auf Ihr AC vorbereiten können, desto mehr Sicherheit werden Sie gewinnen. Versuchen Sie daher so viel wie möglich über das geplante AC zu erfahren. Da die meisten Kandidaten vermuten, dass über Assessment-Center grundsätzlich der Mantel des Schweigens gelegt wird, versuchen sie oft gar nicht erst, Näheres zu erfahren. Die Praxis zeigt aber, dass sich gezieltes Nachfragen lohnt. Manchmal ist die Personalabteilung durchaus bereit zumindest die geplanten Übungsbestandteile zu nennen. Gute Informationsquellen sind oft auch Kollegen, die das Assessment-Center bereits einmal durchlaufen haben. Auch wenn die Aufgabenstellungen von Zeit zu Zeit modifiziert werden, können Sie so doch zumindest erfahren, welche Übungen das Unternehmen bevorzugt verwendet und auf welche Themen es besonderen Wert legt. Gelegentlich kommt es auch vor, dass Ihre Vorgesetzten über einen guten Draht in die Personalabteilung verfügen und Ihnen die eine oder andere Information geben können. Aber es gibt noch mehr Möglichkeiten der Informationssuche.

Unternehmensziele im Blick

Da die Beobachter im Assessment-Center aus dem Unternehmen kommen, bietet es sich an, vorab herauszufinden, welche Themen und Strategien diese Entscheider aktuell beschäftigen. Daher gehört für uns zur Vorbereitung auf Assessment-Center auch eine gründliche Internetrecherche. Im Zeitalter des Internets ist es viel leichter geworden, aktuelle Informationen über Unternehmen zu bekommen, Sie sollten diese Möglichkeit nutzen. Auf den Homepages der Unternehmen finden Sie vielfältige Informationen, beispielsweise zu künftigen Wachstumsfeldern, über die Marktposition des Unternehmens, zu Auslandsmärkten und über die Kundenstruktur. Insbesondere in großen aktiennotierten Konzernen liefern Ihnen Menüpunkte wie »Investor Relations«, »Corporate News« oder »Geschäftsberichte« wertvolle Informationen für Ihr Assessment-Center. Zusätzlich sollten Sie sich mit dem Unternehmensleitbild (der Corporate Identity) auseinandersetzen.

Berücksichtigen Sie bei Ihrer Recherche auch andere Stellenausschreibungen des Unternehmens. Dort erfahren Sie welche persönlichen Eigenschaften, beispielsweise Kommunikationsstärke, Durchsetzungsfähigkeit, Teamfähigkeit, Lernbereitschaft, ausdrücklich eingefordert werden.

Aktuelle Trends in Ihrem Arbeitsgebiet

Firmen haben immer ein Interesse an Mitarbeitern und Mitarbeiterinnen, die in ihrem Arbeitsgebiet auf der Höhe der Zeit sind und die Bereitschaft mitbringen, sich kontinuierlich weiterzuentwickeln. Daher sollten Sie sich vor dem Assessment-Center mit den allgemeinen Trends und Entwicklungen in Ihrem Berufsfeld beschäftigen. Es gibt immer wieder aktuelle Themen, die neue Aspekte in Ihr Arbeitsfeld bringen. Dies heißt nicht, dass diese aktuellen Trends auch in Ihrer täglichen Arbeit im Zentrum stehen müssen. Wichtig ist aber, dass Sie darüber informiert sind, welche Entwicklungen gerade besonders diskutiert werden.

Dies könnte im Marketing das Benchmarking oder der vermehrte Einsatz von Multi-Channel-Kanälen sein. In der Forschung und Entwicklung spielen vielleicht Plattformstrategien zur Kostensenkung momentan eine Rolle. Und im Vertrieb könnte eine stärkere Vernetzung von Service, Verkauf und sozialen Netzwerken gerade relevant sein. Unabhängig von den unterschiedlichen Tätigkeitsfeldern kann der Fokus auf Best-Practice-Ansätzen, Change-Management, Wissensdatenbanken und zunehmender Projektarbeit liegen. Bei unseren Kunden stellen wir häufig fest, dass diese Entwicklungen bei der Bewältigung der täglichen Aufgaben aus dem Blickfeld geraten sind. Machen Sie sich deshalb im Vorfeld eines Assessment-Centers mithilfe von Fachzeitschriften oder Spezialistenportalen im Internet mit den aktuellen Entwicklungen in Ihrem Arbeitsgebiet vertraut.

So können Sie Informationen nutzen

Ihr Bild vom Unternehmen wird sich am Ende aus mehreren Mosaiksteinen zusammensetzen: Sie werden Informationen in Pressemitteilungen und Aktionärsnachrichten finden, aber auch in Geschäftsberichten, dem Produkt-/Dienstleistungsangebot und im Menüpunkt Job und Karriere. Die von Ihnen recherchierten Informationen lassen sich im Assessment-Center oft direkt verwerten. So können Sie in einer Gruppendiskussion über künftige Marktstrategien auf die Zielgruppen hinweisen, in einem Vortrag zum Führungsverständnis auf das Wunschbild des Unternehmens eingehen oder in Kundengesprächen besondere Produkteigenschaften wie Qualität, Langlebigkeit oder Zuverlässigkeit herausstellen. Mit dieser Vorgehensweise verdeutlichen Sie den Beobachtern, dass Sie die gleiche Linie verfolgen wie diese Entscheider und sich mit ihren Zukunftsstrategien auseinandergesetzt haben, also perfekt ins Unternehmen passen.

Nach dieser taktischen Vorarbeit werden wir jetzt mit Ihnen in die einzelnen AC-Übungen einsteigen. Wir werden Ihnen vor den Übungen jeweils erläutern, was Sie erwartet, worauf die Beobachter achten, welche Fehler zu vermeiden sind und mit welchen Strategien Sie Erfolg haben werden.

Checkliste: Auf der Suche nach Interna

→ Erfragen Sie, welche Übungstypen – beispielsweise Gruppendiskussionen, Fallstudien oder Präsentationen – in früheren Assessment-Centern eingesetzt wurden.

→ Versuchen Sie über Kollegen oder Vorgesetzte, die das Assessment-Center bereits durchlaufen haben, Interna zu erfahren.

→ Werten Sie die Homepage des Unternehmens gründlich aus. Sinnvolle Menüpunkte sind »Investor Relations«, »Geschäftsberichte«, »Aktuelles«, »Corporate News«, »Corporate Identity« oder »Karriere«.

→ Überprüfen Sie, welche persönlichen Eigenschaften (kommunikationsstark, teamfähig, lernbereit u.a.) grundsätzlich in den Stellenanzeigen des Unternehmens nachgefragt werden.

→ Setzen Sie sich mit aktuellen Entwicklungen in Ihrem Arbeitsgebiet auseinander. Welche Trends gibt es momentan?

→ Überlegen Sie sich, wie Sie die gefundenen Informationen taktisch in die einzelnen Übungen einfließen lassen können. Auf welche Trends könnten Sie in Ihrer Selbstpräsentation eingehen? Welche strategischen Themen könnten Sie in einer Gruppendiskussion erwähnen? Was könnte gut in eine Themenpräsentation passen?

3. Selbstpräsentation: Ihr erster Auftritt

Wie die Bezeichnung schon vermuten lässt, geht es bei dieser Assessment-Center-Übung um einen (Kurz-)Vortrag, in dessen Mittelpunkt der Kandidat selbst steht. Üblicherweise schließt die Selbstpräsentation an die Begrüßung der Kandidaten durch den Moderator, die Vorstellung der Beobachter und die Erläuterung des Tagesplanes an.

In dieser Übung zu Beginn des Assessment-Centers werden bereits wichtige Weichenstellungen vorgenommen. Es geht darum, den Beobachtern sowie auch den Mitbewerbern einen überzeugenden ersten Eindruck zu vermitteln. Wie bei jeder anderen Präsentation ist deshalb auch hier besonders das rhetorische Geschick gefragt.

Ring frei zur ersten Runde

Mit der Selbstpräsentation werden die Kandidaten gleich am Anfang des Assessment-Centers ins kalte Wasser gestoßen. Es ist für die meisten Menschen schon schwer genug, einen Vortrag zu einem Fachthema zu halten – dass man jetzt selbst mit der eigenen beruflichen Qualifikation das Thema ist, macht die Sache nicht unbedingt einfacher.

Die Aufgabenstellung lautet oft ganz banal: »Stellen Sie sich bitte der Gruppe vor!« Davon sollten Sie sich aber nicht täuschen lassen, denn hier handelt es sich nicht um eine unverfängliche Kennenlernrunde, sondern um eine erste Einordnung der Kandidaten durch die Beobachter. Die Beobachterrunde weiß üblicherweise wenig über die Kandidaten, und daher gilt es jetzt, erste positive Überzeugungsarbeit zu leisten.

> **Das sollten Sie sich merken:**
> Beobachter lassen sich durch eine gelungene Selbstpräsentation stark beeindrucken. Bereiten Sie sich gut vor, denn der erste Eindruck zählt.

Wer es schafft, bereits hier aus der grauen Masse herauszutreten, sichert sich die vermehrte Aufmerksamkeit der Entscheider. Das führt dann üblicherweise auch zu einem besseren Gesamtergebnis. Kandidaten, die Vorschusslorbeeren einheimsen können, geben dem Assessment-Center gleich die richtige Richtung. Es ist also unverzichtbar, die Selbstpräsentation systematisch einzuüben.

Dabei sollten Sie jedoch flexibel bleiben: Je nach Assessment-Center kann die Zeitvorgabe für die Selbstpräsentation schwanken. Wir wissen von Assessment-Centern, in denen Selbstpräsentationen lediglich eine Minute dauern dürfen, aber auch von solchen, in denen der Zeitrahmen für diese Übung zehn Minuten beträgt.

Auch die Art der Übungsdurchführung unterscheidet sich. Manche Unternehmen lassen die Vorstellungsrunde am runden Tisch durchführen – dann ist die Zeit, die der Einzelne hat, meist knapp bemessen. Andere wiederum erwarten eine echte Präsentation vor der Gruppe – dann wird auch Medieneinsatz gefordert. Bei einer Bühnenpräsentation ist der Einsatz der klassischen Medien wie Flipchart, Whiteboard, Metaplan und oft auch noch Overheadprojektor unverzichtbar. Gelegentlich werden auch PowerPoint-Präsentationen eingefordert, die dann im Vorfeld zu Hause oder in einem Extraraum erstellt werden müssen. Üblicherweise müssen Sie Ihre Selbstpräsentation aber »aus dem Ärmel« schütteln, oder Sie bekommen eine knappe Vorbereitungszeit, bevor Sie in Aktion treten müssen.

Hier sind einige typische Aufgabenstellungen, die auf Sie zukommen können:

Mögliche Aufgaben für Ihre Selbstpräsentation

→ »Bitte schildern Sie uns Ihren bisherigen Werdegang!«
→ »Stellen Sie sich bitte der Runde vor!«
→ »Liefern Sie uns eine strukturierte Selbstpräsentation unter Berücksichtigung der folgenden Fragen: Wo und wie konnten Sie in letzter Zeit Veränderungen initiieren? Welche Lernerfahrungen waren für Sie besonders wichtig? Welche Veränderungsziele haben Sie sich persönlich für die Zukunft vorgenommen?«
→ »Beschreiben Sie Ihre momentanen beruflichen Aufgaben und entwickeln Sie dabei eine Vision für Ihren Arbeitsbereich.«

Nehmen Sie die Selbstpräsentation nicht auf die leichte Schulter. Wir haben schon gestandene Bewerber erlebt, die bei der Selbstpräsentation fürchterlich eingebrochen sind und den roten Faden völlig verloren haben. Was alles schief laufen kann, schildern wir Ihnen nun, und anschließend geben wir Ihnen Tipps für eine gelungene Selbstpräsentation.

Fehler in der Selbstpräsentation

Weil die Selbstpräsentation meistens die erste Übung im Assessment-Center ist, ist die Anspannung bei den Kandidaten besonders groß. Ohne Vorbereitung lässt sich der erste Stresstest deshalb nur schwer bewältigen, es schleichen sich viel zu oft vermeidbare Fehler ein.

Viele Kandidaten versuchen sich über die Zeit zu retten, indem sie ihren Lebensweg beginnend mit dem Besuch der Grundschule, über die weiterführende Schule, die Ausbildung, das Studium und die Einstiegsposition bis hin zur momentanen Tätigkeit chronologisch nacherzählen. Den Schluss bilden dann meistens Hobbys und andere Freizeitaktivitäten. Damit lässt sich aber nur schwer punkten: Viele Beobachter bemängeln, dass die Kandidaten bei dieser Art der Selbstpräsentation wie austauschbar erscheinen. Das liegt unter anderem auch daran, dass die Aufmerksamkeit der Beobachter am Anfang und am Ende der Selbstpräsentation am größten ist. Es bleibt dann also hängen, dass der Kandidat geboren wurde, zur Schule gegangen ist und viele Hobbys hat. Die beruflichen Erfahrungen gehen dann häufig unter, und Highlights wie besondere berufliche Erfolge oder Weiterbildungen fehlen oft völlig.

> **Vorsicht Falle!**
> Lassen Sie sich nicht dazu verleiten, bei der Selbstpräsentation einfach Ihren Lebenslauf herunterzuleiern. Nur wenn Sie ein klares, berufliches Profil erkennen lassen, können Sie hier punkten.

Aber auch aus der Körpersprache ist die Anspannung gerade am Anfang deutlich herauszulesen: Kandidaten, die schüchtern auf die Fußspitzen starren, mit leiser Stimme sprechen und den Kopf zwischen die Schultern einziehen, wirken sehr unsicher. Auch das komplette Gegenteil überzeugt nicht: Wer einen Kasernenhofton anschlägt, die Hände zu Fäusten ballt, die Arme vor der Brust verschränkt und von oben herab ins Publikum schaut, disqualifiziert sich ebenfalls.

Schüchterne Zurückhaltung ist also genauso schädlich wie ein polternder Auftritt, schließlich suchen die Beobachter weder die graue Maus noch den marktschreierischen Aufschneider, sondern einen souverän auftretenden Mitarbeiter. Welche Folgerungen die Beobachter aus dem einzelnen Verhalten der Kandidaten bei einer misslungenen Selbstpräsentation ziehen, sehen Sie in der Übersicht *Misslungene Selbstpräsentation*.

Misslungene Selbstpräsentation

Verhalten des Kandidaten:	Deutung der Beobachter:
Der Kandidat überzieht seine Redezeit.	→ Er hat ein schlechtes Zeitmanagement.
Die Kandidatin schildert ihren Lebensweg von der »Wiege bis zur Bahre«.	→ Sie kann nicht Wichtiges von Unwichtigem trennen.
Der Kandidat leiert seine Selbstpräsentation herunter.	→ Er verfügt über keine Überzeugungskraft.
Die Kandidatin thematisiert Probleme und Schwierigkeiten.	→ Sie orientiert sich an Misserfolgen statt an Erfolgen.
Der Kandidat liefert keine anschaulichen Beispiele aus der Berufspraxis.	→ Es fehlt ihm an Erfahrung.

Die Kandidatin erzählt viel über ihre Hobbys.	→ Es mangelt ihr an beruflichem Einsatzwillen.
Der Kandidat vermeidet Blickkontakt.	→ Er ist ängstlich und schnell überfordert.

So gelingt Ihre Selbstpräsentation

Wie gestalten Sie die Selbstpräsentation nun besser? Wichtig ist zunächst ein Perspektivwechsel: Nehmen Sie einmal selbst die Rolle des Beobachters ein und fragen Sie sich, welche Informationen Sie besonders interessieren würden. Sicherlich würden auch Sie besonders an der Qualifikation der einzelnen Kandidaten interessiert sein: Was bringt er mit, um die neue berufliche Aufgabe in den Griff zu bekommen? Welche besonderen Fähigkeiten zeichnen sie aus? Wo liegen seine Stärken? Kann sie erfolgreich im Team mitarbeiten?

Deshalb sollte Ihr berufliches Profil im Mittelpunkt Ihrer Selbstpräsentation stehen. Denken Sie hier an unsere Profil-Methode®, schildern Sie besonderen Ihre beruflichen Erfahrungen passgenau, stärkenorientiert und glaubwürdig. Dabei sind die Erfahrungen, die Sie in Ihrer letzten Stelle gesammelt haben (bei Einsteigern: die Praktika), besonders interessant und wichtig. Liefern Sie also statt einer Nacherzählung Ihres Lebensweges lieber eine konzentrierte Zusammenfassung Ihrer beruflichen Erfahrungen. Weisen Sie auf besondere Erfolge hin, gehen Sie auf Weiterbildungsanstrengungen ein und behalten Sie dabei immer das Anforderungsprofil der neuen Stelle im Blick.

Damit Ihre Selbstpräsentation auch lebendig und mitreißend wirkt, sollten Sie die zur Verfügung gestellten Medien einsetzen. Überlegen Sie sich schon in der Vorbereitung eine Skizze, die Sie auf Flipchart oder Whiteboard anzeichnen könnten und entwickeln Sie gegebenenfalls einen Entwurf für eine Overheadfolie.

Strukturieren Sie Ihre Selbstpräsentation. Liefern Sie zu Beginn eine stichwortartige Aufzählung Ihrer beruflichen Erfahrungen, dann Beispiele für erfolgreiches Arbeiten und den Bezug zur ausgeschriebenen Stelle, und geben Sie zum Schluss noch einmal eine kurze Zusammenfassung Ihrer Qualifikationen.

> **Das sollten Sie sich merken:**
> Damit Sie nicht in die Abwertungsfalle tappen und womöglich Krisen, Probleme und Misserfolge ausbreiten, sollten Sie in der Selbstpräsentation unsere Darstellungstechnik »Beschreiben statt bewerten« einsetzen.

Es gelingt Ihnen leichter, neutral zu beschreiben, wenn Sie allgemeine Formulierungen einsetzen wie »Ich habe mich mit ... und ... beschäftigt«, »Zu meinen Aufgabenbereichen gehören ... und ...«, »Ich bin verantwortlich für ... und ...« oder »Mit geeigneten Seminaren habe ich mich im Bereich ... auf dem Laufenden gehalten.« So zeigen Sie auch durch Ihren Sprachgebrauch, dass Sie ein zupackender und positiv denkender Kandidat sind.

Da die Körpersprache im Assessment-Center immer mit bewertet wird, dürfen Sie hier ebenfalls keine groben Schnitzer begehen. Bei einer Selbstpräsentation am Tisch sollten Sie etwas vom Tisch wegrücken, sich gerade in den Stuhl setzen oder aufstehen, darauf achten, dass Sie Arme und Hände nicht ineinander verschränken und den Blickkontakt zu allen Anwesenden suchen. Findet die Selbstpräsentation vor der Gruppe statt, dürfen Sie sich nicht hinter Rednerpult, Overheadprojektor oder Tisch verstecken. Positionieren Sie sich offen auf der Bühne. Auch Ihre Hände sollten frei bleiben. Legen Sie Ihre Notizen auf dem Tisch ab und vermeiden Sie Stressgesten wie ineinander verschränkte Finger oder Arme, aber auch zur Faust geballte Hände. Beschäftigen Sie Ihre Hände lieber mit Aufzählungsgesten, unterstreichen Sie einzelne Ausführungen mit einer Geste oder weisen Sie auf Ihre Skizze am Flipchart hin.

Wer seine Selbstpräsentation in der hier vorgestellten Art vorbereitet, wird bei den Beobachtern Pluspunkte sammeln. Welche Schlussfolgerungen die Beobachter aus einer souveränen Selbstpräsentation ziehen, zeigt Ihnen die Übersicht *Gelungene Selbstpräsentation*.

Gelungene Selbstpräsentation

Verhalten des Kandidaten:	Deutung der Beobachter:
Der Kandidat hält den Zeitrahmen ein.	→ Er kann auch im Berufsalltag mit Zeitvorgaben umgehen.
Die Kandidatin setzt Schwerpunkte und geht auf die neuen Aufgaben ein.	→ Sie verfügt über analytisches Geschick und kann strukturiert vorgehen.
Die Kandidatin erläutert umfassend ihre beruflichen Erfahrungen.	→ Sie fokussiert das Wesentliche und hat Realitätssinn.

Die Kandidatin nennt berufliche Erfolge.	→ Sie hat eine positive Einstellung und orientiert sich an Erfolgen.
Der Kandidat nennt konkrete Beispiele aus der Berufspraxis.	→ Er ist beruflich am Ball und kann andere mitreißen.
Die Kandidatin setzt Körpersprache gezielt ein.	→ Sie kann auch in ungewohnten Situationen souverän auftreten.
Der Kandidat hält Blickkontakt.	→ Er hat eine starke Persönlichkeit.

Bereiten Sie Ihre Selbstpräsentation unbedingt vor, damit Sie im Ernstfall wissen, worauf es ankommt. Am besten nehmen Sie sich selbst mit einer Videokamera auf und üben so Ihre Präsentation ein. Setzen Sie sich mithilfe der Übersicht »Gelungene Selbstpräsentation« ausgewählte Übungsziele, und gewöhnen Sie sich daran, mit Ihrer Selbstpräsentation in einem vorgegebenen Zeitrahmen zu bleiben. Kontrollieren Sie, ob Ihre Selbstpräsentation flüssig herüberkommt, und achten Sie auch auf die Lautstärke und Ihre Stimmmodulation. Identifizieren Sie Ihre Stress- und Verlegenheitsgesten, und ersetzen Sie sie durch Aufzählungs- und Unterstreichungsgesten. Und trainieren Sie auch, den Blickkontakt zu einem imaginären Publikum zu halten.

Wenn Sie einmal »live« erleben möchten, wie eine gelungene Selbstpräsentation klingt und wie sich Bewerber ihre Chancen mit einer misslungenen verbauen, sollten Sie unsere Homepage www.karriereakademie.de besuchen und sich dort

Teil 3 unserer 15-teiligen Videoserie »Das Vorstellungsgespräch« anschauen, die wir für Focus Online konzipiert haben.

Sie werden feststellen, dass Ihnen einige Übungsdurchgänge mit Ihrer Selbstpräsentation schon viel mehr Sicherheit vermitteln werden. Bereiten Sie sich bereits zu Hause mithilfe unserer Checkliste vor, damit Ihre Selbstpräsentation ein souveräner erster Auftritt wird.

Checkliste für Ihre Selbstpräsentation

- → Haben Sie eine kurze einminütige, eine dreiminütige und eine ausführlichere zehnminütige Version Ihrer Selbstpräsentation eingeübt?
- → Können Sie die Zeitvorgabe des Moderators einhalten?
- → Stehen in Ihrer Selbstpräsentation die beruflichen Aspekte im Vordergrund und haben Sie eine zu starke Ausrichtung auf Freizeit und Hobbys vermieden?
- → Sind in Ihrer Selbstpräsentation Berührungspunkte mit den neuen Aufgaben zu erkennen?
- → Liefern Sie Beispiele aus Ihrem bisherigen Werdegang, die belegen, dass Sie mit den neuen Aufgaben schon in Berührung gekommen sind?
- → Verzichten Sie auf Relativierungen, Abwertungen und Kritik?
- → Verweisen Sie auf Erfolge in Ihrer bisherigen Arbeit? Haben Sie Ihre erfolgreiche Arbeit mit konkreten Beispielen belegt?
- → Haben Sie unsere Darstellungstechnik »Beschreiben statt bewerten« benutzt?
- → Sind Ihre Sprechgeschwindigkeit und Ihre Lautstärke angemessen?

→ Berücksichtigen Sie das »Prinzip der freien Hände« und vermeiden Sie Stress- und Verlegenheitsgesten?
→ Stehen Sie frei vor Ihrem Publikum und halten Sie Blickkontakt zu den Zuhörern?

4. Gruppendiskussion: Ihr Teamgeist

Die Gruppendiskussion ist eine der wichtigsten Übungen im Assessment-Center: Nur hier haben die Beobachter die Möglichkeit, die Kandidaten im direkten Vergleich zu erleben. Gruppendiskussionen sind daher in fast allen Assessment-Centern als Übungseinheit vorgesehen.

In der Gruppendiskussion können Sie auf vielen Ebenen wichtige Punkte sammeln: Sie müssen sich ein Thema erschließen, die wesentlichen Fakten und Argumente zum Thema herausfiltern, andere von Ihrem Standpunkt überzeugen und schließlich auf ein Ergebnis hinsteuern.

Bewährungsprobe in der Gruppe

In der Gruppendiskussion geht es darum, zusammen mit den anderen – meist zwischen vier und sechs – Assessment-Center-Kandidaten ein Thema zu diskutieren. Das Thema wird Ihnen üblicherweise vorgegeben, nur in Ausnahmefällen muss das Thema in der Gruppe selbst bestimmt werden. Damit Sie in der eigentlichen Diskussion auch Argumente haben und mitreden können, räumt man Ihnen eine Vorbereitungszeit ein.

Die Themenstellungen können durchaus anspruchsvoll sein. Allerdings sind sie normalerweise so gehalten, dass alle Teilnehmer mitreden können, denn Kandidaten mit kaufmännischem Hintergrund sollen schließlich in der gleichen Gruppe mit Technikern oder Juristen diskutieren können.

Wenn eine Versicherung ein Assessment-Center durchführt, ist die Wahrscheinlichkeit recht hoch, dass es in der Gruppendiskussion um versicherungsnahe Themen geht, beispielsweise um Wachstumschancen im Ausland, eine Neustrukturierung der Angebotspalette oder die bessere Integration des Außendienstes.

In der Übersicht finden Sie einige Themen, die von Unternehmen in Gruppendiskussionen schon einmal eingesetzt wurden.

Branchenspezifische Themen in Gruppendiskussionen

Versicherungen:
→ »Entwickeln Sie für den Vorstand unseres Unternehmens ein Vortragskonzept zum Thema ›Überalterung der Gesellschaft: Welche Versicherungen sind künftig am besten zu verkaufen?‹.«
→ »Welche Maßnahmen sind geeignet, um unsere Marktanteile bei Singles mit hohem Einkommen zu erhöhen?«

Fahrzeugindustrie:
→ »Wie lässt sich die Kundenorientierung im gesamten Unternehmen besser verankern?«
→ »Alternative Energien im PKW: Marktchance oder vergeudetes Entwicklungs-Know-how?«

Energieversorger:
→ »Erarbeiten Sie eine Werbekampagne, mit der sich das Ansehen unserer Branche in der Öffentlichkeit verbessern lässt.«
→ »Bereiten Sie eine Kampagne zu einem Windkraftpark vor.«

Banken:
→ »Wie können wir zu einem Full-Service-Anbieter im Bereich aller Finanzdienstleistungen werden?«
→ »Zukunft Internet: Wie lassen sich Kunden dazu bewegen, im Internet Verträge über Finanzprodukte abzuschließen?«

Handel:
→ »Wie kann unser Unternehmen besser als bisher mit Online-Anbietern konkurrieren?«
→ »Warenhaus 2020: Sammeln Sie Ideen für ›Shop-in-the-Shop‹-Konzepte und erarbeiten Sie ein präsentationsfähiges Ergebnis!«

Es bietet sich also an, sich vor dem Assessment-Center einen Überblick über die Themen zu verschaffen, die in einer bestimmten Branche aktuell diskutiert werden. Gewöhnen Sie sich also rechtzeitig an, (Wirtschafts-)Zeitungen, Fachzeitschriften und Managementmagazine zu lesen – die meisten Magazine finden Sie kostenlos im Internet. Dann werden Sie von ganz alleine auf die Themenstellungen stoßen, die für bestimmte Branchen von hoher Relevanz sind. Diese Art der Vorbereitung ist vielen Teilnehmern noch unbekannt. Immer wieder schweigen Kandidaten, weil ihnen zu einem bestimmten Thema einfach nichts einfällt. Machen Sie es besser und beginnen Sie mit Ihrer »Presseschau«, sobald Sie wissen, dass ein Assessment-Center auf Sie zukommt.

Anders ist es bei Assessment-Centern für Berufseinsteiger: Dort werden die Themen in den Gruppendiskussionen eher allgemein gehalten. Diese Bewerbergruppe verfügt noch nicht über jahrelange Branchenerfahrung, sodass die Unternehmen Themenstellungen wählen, bei denen jede und jeder mitreden können sollte.

Allgemeine Themen in Gruppendiskussionen

→ »Welche Eigenschaften sollte Ihr Chef bzw. Ihre Chefin mitbringen?«
→ »Stempeluhr oder flexible Arbeitszeiten: Was spricht dafür und was dagegen?«
→ »Wie können soziale Netzwerke wie Facebook in das Unternehmensmarketing eingebunden werden?«
→ »Wie lassen sich Mitarbeiter dauerhaft motivieren?«

Sich auf mögliche Themenstellungen vorzubereiten ist der erste Schritt, da Sie auf dem Laufenden sein müssen, um überhaupt mitreden zu können. Beobachter wollen Ihren Einsatz in der Gruppendiskussion sehen, und den können Sie nur liefern, wenn Sie eigene Wortbeiträge zur Diskussion beisteuern. Zu diesem Zweck erhalten Sie mit der Themenvergabe auch noch eine gewisse Vorbereitungszeit, um Argumente für Ihre Position zu sammeln.

Der zweite Schritt ist dann mitzuhelfen, die Diskussion zu einem Ergebnis zu bringen. In Assessment-Centern erleben wir es immer wieder, dass sich einzelne Kandidaten schon zu Beginn an Details festbeißen und den Blick für das Ganze verlieren. Es kommt tatsächlich nur selten vor, dass bei der Gruppendiskussion in der vorgegebenen Zeit ein Ergebnis erzielt wird.

Meistens fühlen sich die Beobachter von Gruppendiskussionen unangenehm an schlecht laufende Abteilungskonferenzen und Meetings erinnert, für die es in Unternehmen den geflügelten Ausdruck »Viele gehen hinein, und nichts kommt heraus« gibt: Sie müssen also aufpassen, nicht selbst in die »Detailfalle« zu tappen, und Sie müssen anderen auch aus dieser Falle heraushelfen. Wenn Ihnen das gelingt, bleiben Sie bei den Beobachtern in positiver Erinnerung. Formulierungen wie diese helfen Ihnen dabei: »Ich stimme Ihnen beim Punkt A zu, allerdings sollten wir auch noch die Punkte B und C erörtern. Aus meiner Sicht ist B besonders wichtig, da hier ...« oder »Da wir jetzt bereits die Hälfte der Zeit den Aspekt A diskutiert haben, sollten wir uns jetzt noch B und C zuwenden. B ist wichtig, weil ...«

Zu unterscheiden sind schließlich noch Gruppendiskussionen *mit* und *ohne* Rollenvorgaben. Meistens wird zur Vorbereitung der Gruppendiskussion nur das Thema mit einigen Hintergrundinformationen als Arbeitspapier an die Teilnehmer ausgehändigt. In diesen Fällen spricht man von einer Gruppendiskussion *ohne* Rollenvorgaben. Manchmal kommt es aber auch vor, dass die Teilnehmer sich in fiktive Rollen hineinversetzen müssen – dann handelt es sich um eine Gruppendiskussion *mit* Rollenvorgaben. Der eine spielt dann beispielsweise den Abteilungsleiter Logistik, die andere die Marketingexpertin. Neben den einzelnen Rollen wird in diesem Fall im Arbeitspapier auch vorgegeben, welche Argumente durchgebracht werden müssen.

Gruppendiskussionen entwickeln sehr oft ein dynamisches Eigenleben. Da sich die Kandidaten untereinander nicht kennen, ist es unmöglich vorherzusagen, welches Diskussionsverhalten der Einzelne an den Tag legen wird. Deshalb muss man neben der Erschließung des Themas auch die nötige Flexibilität mitbringen, um mit der Gruppendynamik Schritt halten zu können.

Minuspunkte in der Gruppendiskussion

Bei unvorbereiteten Kandidaten tauchen im Assessment-Center bestimmte Fehler immer wieder auf. Ein gravierender Fehler ist es zum Beispiel, erst einmal abzuwarten und zu schweigen. Da die Beobachter die guten Ideen und Argumente einzelner Teilnehmer nur dann wahrnehmen können, wenn sie auch »in den Raum gestellt« werden, nützt es nichts, wissend zu schweigen. Sehr oft verlaufen Gruppendiskussionen daher so, dass die Mehrzahl der Kandidaten sich zurückhält und die eigentliche Diskussion zwischen zwei bis drei engagierten Teilnehmern stattfindet.

Wenn Kandidaten reden, geschieht es andererseits leider häufig, dass sie sich an einzelnen Argumenten festbeißen. Argumentation und Gegenargumentation werden schnell zu einem unproduktiven Gerangel – die Gruppendiskussion tritt auf der Stelle und dreht sich im Kreis. Die Diskussion rutscht dann Stück für Stück von der Sach- auf die Beziehungsebene ab. Es geht auf einmal nicht mehr darum, das Thema in allen Facetten zu erschließen und eine vernünftige Lösung zu finden, sondern einfach nur um Rechthaberei.

Vorsicht Falle!
Dauerredner, die ohne Punkt und Komma drauflosreden, fallen in Gruppendiskussionen genauso durch wie Nichtssager. Achten Sie also darauf, auch andere zu Wort kommen zu lassen.

Natürlich spricht es auch nicht gerade für andere Kandidaten, wenn sie es nicht schaffen, sich eigene Wortbeiträge zu erarbeiten. Aber auch Dauerredner können mit ihrem Verhalten keine Pluspunkte sammeln: Die Beobachter werden ihnen unterstellen, dass sie Schwierigkeiten haben, gemeinsam im Team Lösungen zu erarbeiten.

Ein interessantes Phänomen ist, dass so gut wie keine Gruppendiskussion innerhalb der vorgegebenen Zeit beendet wird. Den Zeitverlauf verlieren fast alle Teilnehmer schnell aus dem Blick. Wenn die Aufgabenstellung aber lautet, innerhalb von 45 Minuten ein präsentationsfähiges Konzept zu erarbeiten, dann gehört die Zeitvorgabe mit zu den Kriterien, die beachtet werden müssen. Wenn eine Gruppendiskussion vom Moderator abgebrochen werden muss, wirft das in Sachen Zeitmanagement ein schlechtes Licht auf alle Teilnehmer.

Da es in der Gruppendiskussion um beobachtbares Verhalten in der Gruppe geht, kommt auch der Körpersprache eine große Bedeutung zu – schließlich kommt es nicht nur darauf an, was gesagt wird, sondern auch wie. Teilnehmer, die sich ständig in der Defensive befinden, zeigen dies auch körpersprachlich: Es werden die Arme vor der Brust gekreuzt, Stuhllehnen umklammert oder die Füße hinter den Stuhlbeinen verklemmt. Manche spielen nervös mit Papier und Stift herum, andere wiederum sacken so stark in ihrem Stuhl zusammen, dass man ihnen förmlich ansieht, dass sie am liebsten im Erdboden versinken möchten.

Nicht nur Unsicherheitsgesten, auch aggressives Verhalten wird von den Beobachtern mit Punktabzug bestraft. Die zur Faust geballte Hand hat in der Gruppendiskussion absolut nichts zu suchen, und wer mit dem Finger oder Kugelschreiber nach anderen Teilnehmern sticht, fällt negativ auf.

Abschottungsgesten sehen die Beobachter ebenfalls nicht gerne. Wer mit vor der Brust verschränkten Armen am Tisch sitzt, vermittelt den Eindruck, dass er sich lieber einigeln will. Das spricht gegen die beschworene Teamfähigkeit von Kandidaten. Zu den Blockadegesten gehören weiter ineinander verschränkte Finger oder rechtwinklig vor den Körper auf die Tischplatte gelegte Unterarme. Stellen Sie bei sich Blockade- oder Abwehrgesten fest, sollten Sie diese einfach auflösen, also die Finger wieder auseinanderziehen oder die verschränkten Arme herunternehmen.

Es gibt viele Klippen, die es in der Gruppendiskussion zu umschiffen gilt. Unsere Übersicht Fehler in der Gruppendiskussion fasst noch einmal die gröbsten Schnitzer zusammen.

Fehler in der Gruppendiskussion

Verhalten des Kandidaten:	Deutung der Beobachter:
Der Kandidat schweigt.	→ Er lässt Engagement vermissen.
Die Kandidatin beißt sich an einem einzelnen Argument fest.	→ Sie kann nicht komplex denken.
Der Kandidat geht nicht auf Argumente anderer ein.	→ Er hat kein Einfühlungsvermögen.
Die Kandidatin redet andere in Grund und Boden.	→ Ihr mangelt es an Teamfähigkeit.
Die Kandidatin schafft es nicht, sich Platz für eigene Wortäußerungen zu erkämpfen.	→ Sie hat kein Durchsetzungsvermögen.
Der Kandidat wird durch das Ende der Gruppendiskussion überrascht.	→ Er kann Terminvorgaben nicht einhalten.

Die Kandidatin rutscht im Stuhl immer weiter nach unten.	→ Sie neigt zur Flucht in schwierigen Situationen.
Der Kandidat zeigt Angriffsgesten.	→ Er ist ein unsachlicher Störenfried.

Überzeugen in der Gruppendiskussion

Um in dieser Übung positiv aufzufallen, ist es wichtig, dass Sie in der Gruppendiskussion engagiert mitdiskutieren. Damit dies möglich ist, sollten Sie unbedingt die Vorbereitungszeit richtig nutzen. Viel zu viele Kandidaten verschwenden die Vorbereitungszeit damit, herumzugrübeln statt sich Notizen zu machen. Machen Sie es besser.

> **Das sollten Sie sich merken:**
> Machen Sie ein Brainstorming zu dem Thema und schreiben Sie alle Argumente erst einmal stichwortartig auf.

Stichworte reichen als Notizen vollkommen aus: Für ausformulierte Sätze haben Sie keine Zeit, und Sie würden sich damit auch der notwendigen Flexibilität berauben. Wir bemerken immer wieder, dass die Vorbereitungszettel der Kandidaten viel zu wenige Stichworte zum Thema enthalten. Dann fällt es aber auch schwer, genügend eigenen Input in der späteren Diskussion zu liefern. Unterschätzen Sie nicht den Stress- und

Zeitfaktor: Wenn Ihnen in der Vorbereitungszeit gute Argumente durch den Kopf schießen, heißt dies noch lange nicht, dass Sie die gleichen Argumentationslinien auch in der Übung noch abrufen können.

Ihr Ziel sollte es also sein, in der Vorbereitungsphase möglichst viele Aspekte des Themas zu skizzieren. Mithilfe dieser Notizen wird Ihnen auch der Einstieg in die Gruppendiskussion viel besser gelingen. Sie können – und sollten – als Ihren ersten Wortbeitrag schlagwortartig alle Punkte aufzählen, die Ihrer Meinung nach zum Thema gehören. Diese Vorgehensweise hat den Vorteil, dass Sie den Rahmen vorgeben, in dem die folgende Diskussion verlaufen wird, und Sie vermeiden, dass Sie sich schon zu Anfang an Detailfragen festbeißen. Durch diese strukturierende Einleitung können Sie Pluspunkte sammeln, denn die Beobachter achten nicht nur darauf, ob Sie überhaupt Wortbeiträge liefern, sondern auch darauf, wie Sie das Thema in die einzelnen Bestandteile zerlegen. Schließlich wird der komplex denkende Analytiker gesucht.

Nachdem Sie nun eine erste »Duftmarke« gesetzt haben, sollten Sie auch den Fortgang der Diskussion aktiv mitgestalten. Dazu ist es zunächst wichtig, einen Überblick über die noch zur Verfügung stehende Zeit zu haben. Notieren Sie sich beim Start der Gruppendiskussion deutlich lesbar die Endzeit auf dem Vorbereitungszettel, dann können Sie sich zwischendurch schnell orientieren, wann das Ende der Diskussion naht.

Ein gutes Zeitmanagement hilft Ihnen während der gesamten Gruppendiskussion: Sie können Vielredner mit dem Verweis auf die knappe Zeit stoppen, Schweiger taktisch – also erst im letzten Drittel der Diskussion – einbinden, Streit mit dem Verweis auf das nahende Diskussionsende beenden, Zwischenzusammenfassungen liefern, um die Diskussion zu strukturieren, und Sie können eine Schlusszusammenfassung geben, um das Ergebnis festzuhalten.

Wichtig ist auch der Umgang der Kandidaten miteinander: Die Beobachter sehen es nicht gerne, wenn Kandidaten in der Gruppendiskussion aufeinander losgehen. Rechthaberei ist deshalb der falsche Weg. Nehmen Sie lieber Wortäußerungen anderer auf, koppeln Sie sie an Ihre eigenen Wortbeiträge und arbeiten Sie so aktiv auf ein gemeinsames Ergebnis hin.

> **Vorsicht Falle!**
> Viele unvorbereitete Kandidaten unterliegen dem Trugschluss, dass sie andere Teilnehmer abblocken müssen. Geschickter ist es jedoch, das Thema gleich zu Anfang in mehrere Aspekte zu gliedern, um dann die Argumente der anderen integrieren zu können.

Statt Äußerungen anderer zu entwerten, können Sie beispielsweise sagen: »Das ist ein interessantes Argument, das gut zu meiner These passt, dass wir uns der Herausforderung der Globalisierung stellen müssen.« oder »Ihr Argument deckt sich mit meiner Meinung zu diesem Teilaspekt. Aber wie stehen Sie zu dem weiter wichtigen Aspekt X?«

Es gibt aber nicht nur produktive Äußerungen anderer, die Sie nutzen können, um die Diskussion voranzutreiben. Manchmal kommt es auch zu unsachlichen Beiträgen bis hin zu Polemik und persönlichen Angriffen. Wer sich aber auf Streit einlässt, begibt sich auf die Verliererstraße. Daher benötigen Sie eine Taktik, mit der Sie Streithähne mäßigen können.

Wir empfehlen Ihnen in solchen Fällen, immer wieder auf das vorgegebene Diskussionsthema und die Pflicht zu verweisen, ein Ergebnis im Sinne des Unternehmens zu erzielen. Sprechen Sie ruhig aus, dass es augenscheinlich Differenzen in der Gruppe gibt, diese aber nicht dazu führen dürfen, dass sich die Diskussion im Kreis dreht, beispielsweise so: »Ich glaube, dass wir die Meinungsverschiedenheit an dieser Stelle nicht auflösen können. Lassen Sie uns in der Diskussion jetzt mit dem Punkt B weitermachen, und wenn später noch Zeit ist, können wir ja versuchen, den strittigen Punkt A auszuräumen.«

Auch schweigende Teilnehmer können Sie an das Thema heranführen, denn eine Gruppendiskussion ist nur dann erfolgreich, wenn das Ergebnis von allen Teilnehmern getragen wird. Daher gilt es, schweigende Kandidaten zu integrieren. Gut geeignet dafür ist das letzte Drittel der Diskussion, denn dann haben Sie schon erste Ergebnisse in der Diskussion erzielt und können die Schweiger nach deren Meinung dazu befragen. Viel früher sollten Sie Schweiger nicht ansprechen, denn Sie sollten zunächst einmal selbst als aktiver Teilnehmer in Erscheinung treten, bevor Sie auf die passiven Kandidaten zugehen.

Für die Beobachter ist bei Ihrem Auftritt in der Gruppendiskussion auch die Körpersprache wichtig. Ihr Verhalten wird aufmerksam registriert. Hierbei sollten Sie beachten, dass zur Körpersprache nicht nur Gestik, Mimik und Körperhaltung gehören, sondern auch die Lautstärke Ihrer Äußerungen und das Sprechtempo. Besonders das Sprechtempo bereitet Kandidaten immer wieder Schwierigkeiten. Die meisten reden viel zu schnell, um zu verhindern, dass ihnen jemand ins Wort fällt. Bei einem zu hohen Sprechtempo kommt es aber leicht zu einem Informationsbrei, mit dem die anderen Teilnehmer nichts anfangen können. Versuchen Sie, Ihr Sprechtempo zu variieren, also manchmal schneller und manchmal langsamer zu sprechen. Wenn Sie dann noch die für das Thema relevanten Schlagworte betonen, bekommen Sie auch eine gute Modulation in die Stimme. Sowohl die anderen Teilnehmer der Gruppendiskussion als auch die Beobachter können dann heraushören, dass Sie das Thema im Griff haben und die wichtigen Punkte herauskristallisieren können.

Signalisieren Sie mit Ihrer Körpersprache, dass Sie offen für die Anregungen und Einwürfe anderer sind. Nehmen Sie eine aufmerksame Körperhaltung ein, wenden Sie sich dem jeweils redenden Teilnehmer zu und lassen Sie Ihren Blick immer wieder in die Runde schweifen. Achten Sie auch darauf, dass Sie genügend Abstand zur Tischplatte halten und sich nicht zwischen Tischkante und Stuhllehne quetschen. Lassen Sie genug Luft, um sich im wahrsten Sinne des Wortes Handlungsspielraum zu verschaffen.

Mit Zustimmungsgesten wie einem Kopfnicken können Sie die Äußerungen anderer unterstützen und Allianzen schmieden. Setzen Sie die ausgestreckte offene Handfläche ein, um andere in die Gruppendiskussion miteinzubeziehen – schweigende Teilnehmer können Sie mit dieser Aufforderungsgeste und der freundlichen Bitte um deren Meinung leicht in die Diskussion einbinden.

Redet jemand aber zu viel oder gibt nur Belanglosigkeiten von sich, sollten Sie ihn mit so genannten Stoppgesten unterbrechen. Strecken Sie dazu beispielsweise den Arm mit nach oben abgewinkelter Hand über den Tisch, sodass der ungeliebte Gesprächspartner auf Ihre Handfläche blickt. Wenn Sie diese Geste noch mit einem »Moment!« oder »Halt!« akustisch unterlegen, werden Sie es schaffen, sich wieder selbst aktiv in die Diskussion einzubringen, und haben die Möglichkeit, das Thema sachlich voranzubringen.

In der Übersicht *Überzeugender Einsatz in der Gruppendiskussion* haben wir alle wichtigen Aspekte für einen souveränen Auftritt noch einmal aufgeführt.

Überzeugender Einsatz in der Gruppendiskussion

Verhalten des Kandidaten:	Deutung der Beobachter:
Der Kandidat diskutiert engagiert mit.	→ Er ist bereit, sich für das Unternehmen zu engagieren.
Die Kandidatin beleuchtet das Thema in allen Aspekten.	→ Sie ist eine komplex denkende Analytikerin.
Der Kandidat liefert genug eigene Argumente.	→ Er ist ein Impulsgeber, der eine Gruppe voranbringen kann.
Die Kandidatin vermeidet Monologe und lässt auch andere zu Wort kommen.	→ Sie ist teamfähig.
Der Kandidat greift Argumente anderer auf.	→ Er ist eine gute Führungspersönlichkeit, die für ein gemeinsam getragenes Ergebnis sorgt.
Die Kandidatin liefert Zwischen- und Schlusszusammenfassungen.	→ Sie verfügt über ein gutes Zeitmanagement und strukturiertes Denken.
Der Kandidat zeigt körpersprachlich Offenheit.	→ Er ist souverän und selbstsicher.
Die Kandidatin sitzt aufrecht und beobachtet die anderen aufmerksam.	→ Sie zeigt Stärke in der Gruppe und ist wachsam.

Wer schon im Berufsleben steht, sollte unsere Tipps zur Gruppendiskussion einmal probeweise im Arbeitsalltag einsetzen: Abteilungsmeetings, Konferenzen oder Treffen von Projektgruppen sind eine gute Gelegenheit, um das neue Wissen zur Diskussionsführung einzusetzen. Probieren Sie einzelne körpersprachliche Gesten aus. Sie werden sehen, dass sich Vielredner mit Stoppgesten gut unterbrechen und sich mit Zustimmungs- und Aufforderungsgesten Zweckbündnisse installieren lassen.

Haben Sie den Berufseinstieg allerdings noch vor sich, können Sie die Gruppendiskussion mit einem Freund oder Studienkollegen durchspielen. Selbst wenn Sie nur zu zweit an ein Diskussionsthema herangehen, setzt ein Übungseffekt ein: Sie gewöhnen sich daran, ein Thema innerhalb eines knappen Zeitrahmens zu durchdringen, aufgeschlossen gegenüber anderen Meinungen zu sein, aber auch eigene Vorstellungen durchzusetzen.

Verbessern Sie Ihren Auftritt in Gruppendiskussion. Die Punkte der folgenden Checkliste werden Ihnen dabei helfen, sich auf den Ernstfall im Assessment-Center vorzubereiten und dann das richtige Diskussionsverhalten einzuschlagen.

Checkliste für Ihre Gruppendiskussion

- → Nutzen Sie die Vorbereitungszeit, um durch ein umfassendes Brainstorming viele gute Argumente für das Thema zu sammeln.
- → Wenn es losgeht: Notieren Sie sich deutlich lesbar die Endzeit der Diskussion.
- → Sie müssen nicht der oder die Erste sein, aber diskutieren Sie von Beginn an mit.
- → Nennen Sie die Schlagworte, die Ihnen zum Thema eingefallen sind, so drücken Sie der Gruppendiskussion Ihren Stempel auf.
- → Unterbrechen Sie Vielredner, damit Sie zu Wort kommen.

→ Integrieren Sie Schweiger, indem Sie sie direkt ansprechen (erst im letzten Drittel).
→ Lösen Sie Konfrontationen zwischen einzelnen Teilnehmern mit Sachargumenten auf.
→ Strukturieren Sie die Diskussion mit Zwischenzusammenfassungen.
→ Liefern Sie nach Möglichkeit die Schlusszusammenfassung. Zeichnen Sie nach, wo eine Einigung erzielt wurde und welche Punkte noch offen geblieben sind.
→ Vermeiden Sie Blockadehaltungen wie vor der Brust verschränkte Arme.
→ Unterlassen Sie Angriffsgesten wie den ausgestreckten Zeigefinger oder das Herumfuchteln mit einem Stift.
→ Nehmen Sie eine aufrechte Körperhaltung ein und rücken Sie nicht zu dicht an die Tischkante.
→ Verwenden Sie einladende Gesten wie die ausgestreckte offene Handfläche, um andere Meinungen einzuholen.
→ Blicken Sie reihum die anderen Teilnehmer an, wenn Sie eigene Diskussionsbeiträge liefern.
→ Beobachten Sie stets die anderen Teilnehmer, um zu erkennen, wo Koalitionen geschmiedet werden, und wer sich aus der Diskussion zurückgezogen hat.

5. Mitarbeitergespräch: Ihre Führungsstärke

Ergebnisorientierte Führung, zielorientierte Kommunikation und ein strukturierter Informationsfluss sind für den Führungsalltag unerlässlich. Aus diesem Grund wird auch im Assessment-Center überprüft, ob Kandidaten, die sich um eine Führungsposition bewerben, informieren und instruieren können. Zu diesem Zweck werden Rollenspiele durchgeführt: Die Kandidaten nehmen die Rolle einer Führungskraft ein, die mit einem Mitarbeiter ein Gespräch mit einer bestimmten Zielvorgabe führen muss.

Das Mitarbeitergespräch ist eine Übung, in der sich Führungsstärke und ergebnisorientierte Kommunikation gut überprüfen lassen. In Assessment-Centern für angehende Führungskräfte ist diese Übung deshalb eigentlich immer enthalten. Damit Sie auf diese Übung vorbereitet sind, erfahren Sie in diesem Kapitel, wie Sie Ihre Führungsqualitäten erfolgreich in Szene setzen und die Beobachter von Ihren Stärken überzeugen können.

Führungsqualitäten sind gefragt

Beim Mitarbeitergespräch im Assessment-Center müssen Sie in eine Vorgesetztenrolle schlüpfen, in der es Ihre Aufgabe sein wird, Mitarbeiter zu einem Fehlverhalten zu kritisieren, oder zur Übernahme zusätzlicher Arbeitsaufgaben zu motivieren. Zur Vorbereitung der Übung bekommen Sie Unterlagen, in denen festgehalten ist, welche fiktive Position Sie bekleiden – zum Beispiel Teamleiter, Abteilungsleiter oder Bereichsleiter.

Auch der Mitarbeiter, der zum Gespräch erscheinen wird, wird näher charakterisiert: Sie erfahren etwas über seine bisherige Entwicklung in dem fiktiven Unternehmen, aber auch über seine persönliche Eigenheiten. Und schließlich bekommen Sie Informationen darüber, was der Anlass für das Mitarbeitergespräch ist.

Ihr Gegenpart, der Mitarbeiter, wird üblicherweise nicht von einem anderen Kandidaten gespielt, um keine Konflikte entstehen zu lassen. Oft übernimmt der Moderator diese Rolle, manchmal werden sogar extra Schauspieler eingesetzt, die Ihnen als Vorgesetztem das Leben schwer machen sollen.

Erschwerend kommt hinzu, dass der Statusvorteil fehlt, den man als tatsächlicher Vorgesetzter in einem Unternehmen normalerweise hat. Knappe Anweisungen, wie sie im Berufsalltag oft üblich sind, helfen Ihnen deshalb nicht weiter. Sie müssen die Sorgen und Nöte des Mitarbeiters im Gespräch herausfinden, sehr viel Überzeugungsarbeit leisten und vor allem auf die Einsicht des Mitarbeiters hinarbeiten.

Typische Aufgabenstellungen für Mitarbeitergespräche sind in der Übersicht *Themen in Mitarbeitergesprächen* zusammengefasst.

Themen in Mitarbeitergesprächen

→ Situation im Vertrieb: Ihr Mitarbeiter erzielt nicht genügend Abschlüsse pro Quartal. Es geht das Gerücht um, dass er einen Teil seiner Arbeitszeit in seinem Dienstwagen auf Parkplätzen verschläft. Klären Sie die Situation und motivieren Sie ihn zu mehr Leistung!

→ Situation im Marketing: Die neue Marketingassistentin hat sich gut ins Team eingefügt, braucht aber für Arbeitsaufgaben viel mehr Zeit als ihr Vorgänger. Finden Sie die Gründe heraus!
→ Situation im Callcenter: Ein Callcenter-Agent ist zum wiederholten Mal zu spät am Arbeitsplatz erschienen. Bringen Sie ihn auf Kurs!
→ Situation in der Produktion: Ein Meister verstößt ständig gegen Sicherheitsvorschriften, er leistet aber sehr gute Arbeit und ist nicht entbehrlich. Sorgen Sie dafür, dass er weiterhin engagiert arbeitet, aber auch die Vorschriften einhält!
→ Situation im Personalwesen: Herr Schmidt ist langjähriger Teamleiter im Service und zum zweiten Mal nicht auf seine Wunschposition Abteilungsleiter befördert worden. Erläutern Sie ihm die Entscheidung für einen anderen Kandidaten und halten Sie ihn im Unternehmen!
→ Situation im Management: Sie sind Geschäftsführer. Einer Ihrer Abteilungsleiter ist wiederholt mit negativen Äußerungen über das Unternehmen aufgefallen. Stellen Sie ihn zur Rede!

Bevor wir Ihnen gleich vorstellen , wie Sie solche Mitarbeitergespräche souverän und erfolgreich führen, möchten wir Sie zunächst auf die Fehler aufmerksam machen, die vielen Kandidaten bei dieser Übung unterlaufen, damit Sie aus den Fehlern der anderen lernen können.

Chefs auf dem Holzweg

Der Kardinalfehler beim Mitarbeitergespräch ist die fehlende Sachverhaltsklärung. Es kommt immer wieder vor, dass die Assessement-Center-Kandidaten gar nicht erst versuchen zu klären, was überhaupt vorgefallen ist. Wer sich jedoch viel zu weit von der Faktenlage entfernt, tut sich keinen Gefallen. Ein guter Vorgesetzter geht nicht auf Gerüchte und Firmentratsch ein.

Weiter erleben wir immer wieder, dass es schon nach kurzer Zeit im Mitarbeitergespräch gar nicht mehr um das Verhalten des Mitarbeiters, sondern stattdessen um Fehler der Kollegen, die allgemeine wirtschaftliche Lage oder sogar das schlechte Firmenmanagement geht. Dies liegt in der Regel am gut vorbereiteten Gegenpart, also dem fiktiven Mitarbeiter im Rollenspiel.

Assessment-Center-Kandidaten, die nicht stringent auf das zu kritisierende oder zu ändernde Verhalten eingehen, eröffnet dem Mitarbeiter die Möglichkeit abzulenken und auszuweichen. Schon die Frage »Wie geht es Ihnen?« ist in einem reinen Kritikgespräch kontraproduktiv: Schnell wird der Mitarbeiter die Gelegenheit nutzen und von Eheproblemen, Problemen der Kinder in der Schule, Streit mit Kollegen, stressigen Arbeitsbedingungen oder überfordernden Arbeitsaufgaben erzählen. Dann wird es schwer, ihn wieder »einzufangen« und zum Thema zurückzukehren.

> **Vorsicht Falle!**
> Wenn Sie bereit sind, dem Mitarbeiter Zugeständnisse zu machen, weil Sie herausgehört haben, dass er überfordert ist, müssen Sie darauf achten, sich in einem realistischen Rahmen zu bewegen – sonst verlieren Sie schnell an Glaubwürdigkeit.

Sie dürfen dem Mitarbeiter also auch nicht einfach ein erhöhtes Budget, zusätzliche Kollegen oder eine drastische Gehaltssteigerung versprechen. Wenn Sie dies tun, werden die Beobachter an Ihrem unternehmerischen Denken zweifeln.

Neben den Kandidaten, die sich in der Vorgesetztenrolle vom Mitarbeiter über den Tisch ziehen lassen, gibt es auch diejenigen, die von Anfang an auf Konfrontation setzen. Sie gehen den Mitarbeiter nach dem Motto »mein Wort ist Gesetz« hart an und wundern sich dann, dass er den restlichen Gesprächsverlauf über nur noch abblockt. Die Beobachter erwarten aber, dass Sie den Mitarbeiter bei Kritikgesprächen zur inneren Einsicht führen – die Holzhammermethode ist dafür denkbar ungeeignet.

Natürlich wird – wie in allen Assessment-Center-Übungen – auch hier die Körpersprache aufmerksam analysiert. Angriffs- und Einschüchterungsgesten wie zur Faust geballte Hände, der stechende Blick mit vorgerecktem Kopf oder womöglich der Schlag mit der flachen Hand auf die Tischplatte bringen Kandidaten massiv Minuspunkte ein. Entwertende Gesten wie wegwischende oder abwinkende Handbewegungen signalisieren den Beobachtern, dass die Führungskraft den Mitarbeiter nicht ernst nimmt, was ebenfalls zu einer negativen Bewertung führt.

Auch zu »weiche« Führungskräfte haben es schwer. Wer zur Selbstaufgabe neigt, im Stuhl versinkt, den Blickkontakt vermeidet oder hilflos die Hände zum Himmel reckt, wirkt mit der Führungssituation überfordert. Unsicherheitsgesten wie das Herumspielen an Schmuckstücken, Stiften, Papier oder mit den eigenen Haaren sind ebenso schädlich: Sie führen nicht nur zu Minuspunkten bei den Beobachtern, sondern laden den Mitarbeiter geradezu ein, die Gesprächsführung an sich zu reißen.

Gespräche ohne konkretes Ergebnis gelten als nicht bestanden. Sätze wie »Ich verlasse mich auf Sie« oder »Ich hoffe, wir sind uns einig geworden« enthalten keine überprüfbare Vereinbarung. Oft gibt es auch deswegen kein Ergebnis, weil die Kandidaten schlichtweg die Zeit nicht im Blick haben und das Mitarbeitergespräch wegen Zeitüberschreitung ergebnislos abgebrochen werden muss.

In unserer Übersicht *Fehler im Mitarbeitergespräch* sehen Sie, welche Fehler unvorbereitete Kandidaten in dieser Übung immer machen.

Fehler im Mitarbeitergespräch

Verhalten des Kandidaten:	Deutung der Beobachter:
Der Kandidat greift den Mitarbeiter von Anfang an an.	→ Der Kandidat hat einen zu autoritären Führungsstil.
Die Kandidatin weicht dem anzusprechenden Problem aus.	→ Sie hat Schwierigkeiten, strittige Themen anzusprechen.
Der Kandidat macht unrealistische Zugeständnisse.	→ Er verfügt über kein unternehmerisches Denken und sorgt mit seinen Luftschlössern mittelfristig für Enttäuschung beim Mitarbeiter.
Die Kandidatin lässt sich vom Thema ablenken.	→ Sie verfügt über keine konsequente Gesprächsführung.
Der Kandidat steigt auf Gerüchte oder Kollegenschelte ein.	→ Ihm mangelt es an Tatsachenorientierung.
Die Kandidatin zeigt Unsicherheits- und Stressgesten.	→ Sie wirkt als Führungskraft überfordert.

Gute Führung in Aktion

Um die genannten Fehler zu vermeiden, sollten Sie eine Grundregel verinnerlichen: Sie müssen im Mitarbeitergespräch stets Herr beziehungsweise Frau des Geschehens bleiben. Dabei hilft Ihnen die von uns entwickelte Struktur für Mitarbeitergespräche. Mithilfe dieses Gesprächsleitfadens vermeiden Sie es, dass man Sie in emotionale Fallen lockt, und es fällt Ihnen leichter, das zu verändernde Verhalten des Mitarbeiters immer wieder in den Mittelpunkt zu stellen. In einer Übersicht haben wir die sieben Schritte des Schemas für Sie aufgelistet.

Mitarbeitergespräche souverän führen

1. Begrüßung und allgemeiner Hinweis darauf, dass nun ein Gespräch ansteht, um einige Themen zu klären, die den Mitarbeiter betreffen;
2. kurze Schilderung des beobachteten Verhaltens (ohne Bewertung durch die Führungskraft);
3. Einigung darüber, dass das Verhalten tatsächlich vorlag (ohne in eine Diskussion über die Gründe abzugleiten);
4. Stellungnahme des Mitarbeiters über die Gründe seines Verhaltens einfordern (seine Begründung);
5. Eigene Stellungnahme zum Verhalten des Mitarbeiters (Ihre »negative« Bewertung);
6. Konsequenzen nennen, falls das Verhalten weiterhin vom Mitarbeiter gezeigt wird;
7. Überprüfbares Ergebnis für die Zukunft vereinbaren, Kontrollen ankündigen oder Hilfestellung anbieten.

Bitte verstehen Sie unsere Struktur als Orientierung und nicht als einzwängendes Korsett. Wenn Sie nach dieser Struktur vorgehen, vermeiden Sie den Kardinalfehler im Mitarbeitergespräch, nämlich dass Beobachtung und Bewertung des Verhaltens nicht sauber voneinander getrennt werden. Dies ist jedoch wichtig, weil der Mitarbeiter nur dann Einsicht zeigen kann, wenn er selbst zugibt, dass er tatsächlich ein Fehlverhalten begangen hat.

Kommt beispielsweise ein Mitarbeiter ständig zu spät, müssen erst beide Seiten – Mitarbeiter und Führungskraft – festhalten, dass er tatsächlich häufig nicht rechtzeitig am Arbeitsplatz ist. Erst dann sollten Sie dem Mitarbeiter die Gelegenheit geben, die Gründe dafür erörtern. Sonst wird der Mitarbeiter mit Ihnen die ganze Zeit über unzureichende Verkehrsanbindungen, Sinn und Unsinn von Gleitzeit und zu spät kommende Kollegen diskutieren, ohne seine eigene Unpünktlichkeit zuzugeben.

Steuern Sie das Mitarbeitergespräch stringent am Thema entlang und präsentieren Sie sich dabei als Vermittler zwischen Unternehmens- und Mitarbeiterinteressen. Machen Sie dem Mitarbeiter deutlich, welche Konsequenzen sein Verhalten für das Unternehmen hat, wobei Sie auf Informationswege, abteilungsübergreifende Abstimmung und Vorgaben der Geschäftsleitung verweisen können.

> **Das sollten Sie sich merken:**
> Bieten Sie bei Schwierigkeiten, die nicht der Mitarbeiter allein zu verantworten hat, lieber für einen Übergangszeitraum Ihre Hilfestellung an, anstatt große Versprechungen zu machen, die Sie möglicherweise nicht halten können.

Die Beobachter sehen es gerne, wenn sich Führungskräfte für die Mitarbeiter engagieren und ihnen beispielsweise – einmalig – beim Erstellen eines Projektplanes helfen. Beschränken Sie sich jedoch auf »Hilfe zur Selbsthilfe«: Lassen Sie sich vom Mitarbeiter keine seiner Aufgaben aufs Auge drücken, und entlasten Sie ihn auch nicht unnötig auf Kosten seiner Kollegen.

Auf Ihren Vorbereitungspapieren sollten Sie sich gut lesbar notieren, wann das Rollenspiel zu Ende ist. Überprüfen Sie den Zeitablauf ruhig immer wieder mit einem kurzen Seitenblick auf Ihre Uhr. Wenn sich das Gespräch dem Ende zuneigt, müssen Sie aktiv zum Schluss kommen. Vereinbaren Sie mit dem Mitarbeiter das weitere Vorgehen und kündigen Sie – freundlich, aber eindeutig – Kontrollen oder Ihre Hilfestellung an. Auf jeden Fall muss das vereinbarte Ergebnis kontrollierbar sein. So können Sie sich beispielsweise zukünftig auf acht Hausbesuche eines Vertriebsmitarbeiters pro Tag einigen, die selbstverständlich vom Mitarbeiter protokolliert und Ihnen wöchentlich vorgelegt werden, statt einfach nur zu sagen »Ich erwarte, dass Sie zukünftig mehr Einsatz zeigen«.

Um die Gesprächsführung jederzeit aktiv zu gestalten, sollten Sie souverän das Gespräch steuern und dabei flexibel bleiben. Ermuntern Sie Mitarbeiter, die sich ins Schneckenhaus zurückgezogen haben, zu Wortbeiträgen. Dabei helfen Ihnen »offene Fragen«, die mit Wörtern wie »Warum ...«, »Weshalb ...« oder »Aus welchen Gründen ...« beginnen. Beispielsweise: »Woran liegt es denn aus Ihrer Sicht, dass Sie so selten am Arbeitsplatz anzutreffen sind?«

Auf der anderen Seite sollten Sie Monologe von renitenten Mitarbeitern mit Stoppgesten unterbrechen. Fixieren Sie den schwierigen Mitarbeiter aufmerksam, ohne in allzu kritisches Stirnrunzeln zu verfallen. Noch ein Tipp für Fortgeschrittene »Chefs« zum Abschluss: Wechseln Sie bewusst häufiger zwischen

Zurücklehnen im Stuhl, wenn das Gespräch gut läuft, und leichtem Vorbeugen, wenn der Mitarbeiter zu offensiv wird.

In der Übersicht *Mitarbeiter im Griff* finden Sie weitere Tipps, wie Sie sich auf diese Assessment-Center-Übung erfolgreich vorbereiten können. Darüber hinaus gilt, dass Sie auch im täglichen Berufs- und Privatleben Ihre berechtigten Anliegen viel besser durchsetzen können, wenn Sie zuerst Tatsachen klären und dann gemeinsam Lösungen entwickeln.

Mitarbeiter im Griff

Verhalten des Kandidaten:	Deutung der Beobachter:
Die Kandidatin führt zuerst eine Sachverhaltsklärung durch.	→ Sie ist sachorientiert und kann Fakten von Gerüchten unterscheiden.
Der Kandidat spricht das zu verändernde Verhalten direkt an.	→ Er ist konfliktfähig und bringt die Dinge auf den Punkt.
Die Kandidatin gibt dem Mitarbeiter Raum für seine Sicht der Dinge.	→ Sie ist bereit sich eine andere Meinung anzuhören, ohne diese gleich zu teilen.
Die Kandidatin führt das Gespräch immer wieder zum kritischen Thema zurück.	→ Sie hat die Gesprächsführung im Griff.
Der Kandidat vereinbart mit dem Mitarbeiter ein konkretes und überprüfbares Gesprächsergebnis.	→ Er baut dem Mitarbeiter eine Brücke, damit dieser ohne größeren Gesichtsverlust Einsicht zeigen kann.
Die Kandidatin bietet realistische Hilfestellung an.	→ Sie hat Realitätssinn und kennt betriebliche Erfordernisse.

Der Kandidat setzt nach Bedarf Stopp- oder Aufforderungsgesten ein.	→ Er verfügt über ein flexibles Gesprächsverhalten.

Als Assessment-Center-Kandidat mit Berufserfahrung können Sie sich auch vorbereiten, indem Sie bisherige Gespräche mit Vorgesetzten noch einmal reflektieren. Wann konnten Sie selbst mit Kritik etwas anfangen, und wann lief es schlecht? In welchen Gesprächen fühlten Sie sich ernst genommen, und in welchen hatten Sie das Gefühl, dass Sie nur den Blitzableiter spielen sollten? Für Hochschulabsolventen gilt: Auch Gespräche mit Professoren, Betreuern im Praktikum oder AG-Leitern können als – guter oder schlechter – Maßstab gelten.

Wenn Sie die Möglichkeit dazu haben, sollten Sie die Übung Mitarbeitergespräch in einem Probelauf trainieren. Sie können Freunde oder Bekannte bitten, die Rolle des Mitarbeiters einzunehmen. Instruieren Sie Ihren Gegenpart, dass er ruhig etwas widerspenstig auftreten soll. Mittels einer Videokamera können Sie das Gespräch aufnehmen und anschließend bei der Auswertung feststellen, ob Sie eher zu defensiv oder zu offensiv auftreten. Die *Checkliste für Ihr Mitarbeitergespräch* hilft Ihnen dabei, Ihre Führungsrolle in dieser Assessment-Center-Übung optimal auszufüllen.

Checkliste für Ihr Mitarbeitergespräch

→ Treten Sie von Anfang an souverän auf: Setzen Sie sich aufrecht hin, fixieren Sie den Mitarbeiter kurz mit Ihrem Blick.
→ Halten Sie im Mitarbeitergespräch den vorgegebenen Zeitrahmen ein.
→ Stellen Sie sich auf den Mitarbeiter ein, so wie er in den Unterlagen, die Sie zur Vorbereitung bekommen haben, beschrieben wurde.
→ Lassen Sie sich nicht auf Nebenkriegsschauplätze führen, sondern verfolgen Sie das in der Aufgabenstellung genannte Ziel.
→ Gehen Sie idealerweise nach unserer Struktur für Mitarbeitergespräche vor.
→ Bleiben Sie bei Zugeständnissen gegenüber dem Mitarbeiter in einem realistischen Rahmen.
→ Bringen Sie schweigsame Mitarbeiter zum Reden.
→ Unterbrechen Sie renitente und wortreiche Mitarbeiter mit Stoppgesten.
→ Vereinbaren Sie ein konkretes Gesprächsergebnis.
→ Sprechen Sie aus, dass Sie überprüfen werden, ob der Mitarbeiter sich künftig an die gemeinsam getroffene Absprache hält.
→ Zeigen Sie sich als engagierte Führungskraft, die hinter ihren Mitarbeitern steht. Bieten Sie gegebenenfalls Hilfe zur Selbsthilfe an.
→ Verabschieden Sie Ihrem Mitarbeiter von sich aus.

6. Kundengespräch: Ihre Kundenorientierung

Das Kundengespräch ist neben dem Mitarbeitergespräch ein weiteres Rollenspiel, auf das Kandidaten im Assessment-Center treffen können, vor allem dann, wenn es um zu vergebende Positionen im Vertrieb, Verkauf oder Service geht.

In dieser Übung geht es darum, Überzeugungsarbeit zu leisten. Ihre Aufgabe wird es sein, einen Kunden für ein Produkt, eine Dienstleistung oder eine Werbeidee zu begeistern. Es geht aber nicht immer um Verkaufs- oder Beratungssituationen: Manchmal müssen Sie auch mit Kundenbeschwerden, Reklamationen oder Lieferschwierigkeiten fertig werden.

Kundenbedürfnisse im Blick

Bei der Übung Kundengespräch stehen Ihr Verhandlungsgeschick, Ihre Ausdauer und Ihre Zielorientierung im Vordergrund. Sie müssen beharrlich, aber freundlich auf die vorgegebenen Ziele hinarbeiten. Diese Ziele erhalten Sie mit der Rollenvorgabe, in der Ihre eigene Rolle und die Aufgabenstellung, um die es geht, festgehalten sind. Wie auch in der Übung Mitarbeitergespräch erhalten Sie eine Vorbereitungszeit.

Auch hier wird Ihr Gegenpart meistens von dem Moderator oder einem Schauspieler gespielt – in Einzelfällen kommt es aber auch vor, dass andere Assessment-Center-Kandidaten den Part des Kunden übernehmen. Natürlich wird es Ihnen auch in dieser Übung nicht allzu leicht gemacht werden, Ihre Ziele zu erreichen: Der Kunde wird unrealistische Forderungen stellen, einsilbig antworten, sich Ihren Vorschlägen verweigern oder mit Totschlagargumenten operieren.

Damit Sie besser einschätzen können, was Sie genau erwartet, haben wir für Sie eine Übersicht mit Aufgaben zusammengestellt, die schon einmal in Assessment-Centern aufgetaucht sind.

Aufgabenstellung in Kundengesprächen

→ »Stellen Sie unser neues Life-Style-Magazin bei Tankstellenpächtern vor und bringen Sie sie dazu, unsere Zeitschrift ins Sortiment aufzunehmen!«
→ »Unser Unternehmen, die Speicherchip AG, konnte eine Chiplieferung nicht termingerecht liefern. Der Kunde, ein PC-Konfektionierer, ist sehr verärgert und droht mit der Aufkündigung der langjährigen Geschäftsbeziehung. Besänftigen Sie den Geschäftsführer der Abnehmerfirma und halten Sie ihn als Kunden!«
→ »Sie sind Vertriebsmitarbeiter der Hausgeräte AG. Vereinbaren Sie mit der Elektroeinzelhandelskette Super-Preis eine von beiden Seiten getragene Verkaufsförderungsaktion für Haushaltsgeräte!«
→ »Sie sind Versicherungsberater der Versicherungskonzern AG. Die Vertriebsassistentin hat für Sie einen Termin mit Herrn Schmidt, einem freiberuflich tätigen Architekten, vereinbart. Stellen Sie ihm unsere Angebote zur privaten Rentenversicherung vor und erzielen Sie einen Abschluss!«
→ »Sie haben einen Termin mit dem Geschäftsführer des Kurierdienstes Express GmbH. Die Express GmbH beabsichtigt,

20 Kleintransporter zu leasen. Holen Sie als Firmenkundenbetreuer der Leasing GmbH den Auftrag für uns herein!«

In den folgenden beiden Kapiteln möchten wir Ihnen zeigen, welche Fehler Sie in dieser Übung unbedingt vermeiden sollten und mit welchen Strategien Sie als überzeugender Verkäufer glänzen können.

Der Kundenschreck

Gerade Kandidaten mit wenig praktischer Erfahrung in Kundengesprächen können in dieser Übung verschiedene Fehler unterlaufen. Wer versucht, den Kunden schlichtweg zu überrollen, indem er ihn mit einem Wortschwall übergießt, begeht einen doppelten Fehler: Zum einen verkennt er, dass sein Gegenpart in den meisten Fällen ein Profi ist und sich nur schwer überrumpeln lassen wird, und zum anderen werden ihm die Beobachter bei dieser Vorgehensweise eine mangelnde Kundenorientierung unterstellen.

Aber auch mit Plattitüden wie »Greifen Sie zu, bei uns bekommen Sie die besten Angebote!« macht man sich den Kunden eher zum Gegner. Dieser wird die Vorgabe auf seine Art aufgreifen und überzogene Preisnachlässe und Rabatte einfordern, damit rückt der anvisierte Verhandlungserfolg in weite Ferne.

Im Reklamationsgespräch mit einem Kunden, steht zusätzlich die Belastbarkeit des Kandidaten unter Beobachtung. Denn neben dem eigentlichen Verhandlungsthema wird dann parallel ein Streit auf der emotionalen Ebene angezettelt.

> **Vorsicht Falle!**
> Lassen Sie sich durch Angriffe, Vorhaltungen, ungerechtfertigte Kritik oder Beleidigungen nicht aus der Bahn werfen, sondern bleiben Sie sachlich und vor allem geduldig.

Wer hier die Nerven verliert, gilt als nicht stressresistent und lässt aus Beobachtersicht die Fähigkeit vermissen, schwirige Situationen durch Rückkehr auf die Sachebenen deeskalieren zu können.

Fehler in der Vorgehensweise führen sehr oft zu einem Gesprächsende ohne Verhandlungsergebnis. Ein Ergebnis wird aber erwartet. Dies muss nicht zwingend ein Verkaufserfolg sein, denn gegen den ausdrücklichen Willen des Kunden ist ein Abschluss nun einmal nicht möglich. Als Teilerfolg gilt bereits die Vereinbarung eines zweitens Termins im Sinne von »Ich bitte Sie mein Angebot einmal in Ruhe zu prüfen, die besonderen Leistungen mit denen der Wettbewerber zu vergleichen und werde mich nächste Woche gerne noch einmal bei Ihnen melden.«

Die Belastbarkeit von Kandidaten zeigt sich auch hier in ihrer Körpersprache. Von künftigen Beratern und Verkäufern wird erwartet, dass sie souverän und selbstbewusst auftreten – Unsicherheitsgesten geben deshalb Punktabzug. So darf es beispielsweise nicht passieren, dass die Begrüßung mit schlaffem Händedruck und dem Blick zu Boden durchgeführt wird.

Außerdem müssen sich Assessment-Center-Kandidaten beim Kundengespräch auch vor Revierverletzungen hüten. Da im Szenario für die Übungen oft festgehalten ist, dass das Gespräch in den Räumen des Kunden stattfindet, dürfen beispielsweise Unterlagen des Verkäufers nicht ohne Nachfrage auf dem Schreibtisch des Kunden abgeladen werden.

Achten Sie deshalb darauf, dass Ihnen die geschilderten Fehler in der Übung Kundengespräch nicht passieren. Die häufigsten Patzer haben wir für Sie in der Übersicht *Ein Verkäufer ohne Talent* noch einmal zusammengefasst.

Ein Verkäufer ohne Talent

Verhalten des Kandidaten:	Deutung der Beobachter:
Der Kandidat redet ohne Punkt und Komma auf den Kunden ein.	→ Er hat keine Kundenorientierung.
Die Kandidatin wirft mit Floskeln und Plattitüden um sich.	→ Sie nimmt den Kunden mit seinen Wünschen und Vorstellungen nicht ernst.
Der Kandidat versucht, sein Angebot durchzuboxen.	→ Er neigt zu einer Konfrontationshaltung, die viele Kunden verschrecken wird.
Die Kandidatin schafft es nicht, den aufgebrachten Kunden zu beschwichtigen.	→ Sie kann emotional schwierige Situationen nicht deeskalieren.
Der Kandidat stellt keine Fragen an den Kunden.	→ Er ist nicht fähig zum Interessenabgleich.
Die Kandidatin wirkt unsicher.	→ Sie ist der Verkaufssituation nicht gewachsen, weil Sie Angst vor Kundenkontakt hat.
Der Kandidat beendet das Gespräch ohne Ergebnis.	→ Ihm mangelt es an der unverzichtbaren Abschlusssicherheit.

Der überzeugende Verkäufer

Um die genannten Fehler von Anfang an zu vermeiden, ist es wichtig, Zugang zum Kunden zu finden. Deshalb sollten Sie zu Beginn des Gesprächs erst einmal gemeinsame Interessen herausarbeiten – schließlich besteht moderne Verhandlungsführung nicht aus dem Aufeinanderprallen gegensätzlicher Positionen, sondern aus dem *Abgleich* von Interessen. An dieser Vorgehensweise können Sie sich in der Assessment-Center-Übung Kundengespräch ebenfalls orientieren.

In der Praxis gelingt Ihnen dies so, dass Sie zunächst mit gezielten Fragen die Interessen des Kunden herausarbeiten. Dabei sollten Sie zuerst einmal die generellen Bedürfnisse des Kunden abfragen, bevor Sie später ein konkretes Angebot machen. Fragen Sie beispielsweise »Wäre für Ihre Maschinen nicht eine zuverlässige und kostengünstige Wartung interessant?« Wenn der Kunde dann grundsätzliches Interesse bekundet, haben Sie den ersten Schritt geschafft und können Ihr Angebot nachschieben. Durch dieses Vorgehen verhindern Sie, dass sich der Kunde auf das reine Abblocken Ihrer Vorschläge zurückzieht.

Offene Fragen, auch »W-Fragen« genannt, sind auch hier das richtige Instrument, um den Kunden zum Reden zu bringen – beispielsweise durch die Frage »Welche Schulungsmaßnahmen können wir Ihren Mitarbeitern anbieten, damit sie in der Firma mit der neuen Software von Anfang an effektiv arbeiten können?« Mithilfe von nachgeschobenen Alternativfragen können Sie dann Ihr Angebot konkretisieren: »Sollen wir für Ihre Mitarbeiter übergangsweise eine telefonische Servicehotline einrichten oder sind Sie eher an Schulungsmaßnahmen in Tagesform interessiert?«

Wenn Sie Ihr Angebot machen, sollten Sie darauf achten, dass das Gespräch die sachliche Ebene nicht verlässt – vor allem, wenn der Kunde auf der Emotionsebene angreift und unsachlich wird. Atmen Sie tief durch, bleiben Sie weiter sachlich und ruhig und stellen Sie ein weiteres Mal den Nutzen des Produktes oder der Dienstleistung aus Kundensicht dar.

> **Das sollten Sie sich merken:**
> Schon in der Vorbereitungszeit sollten Sie sich mit möglichen Einwänden zu Ihrem Angebot auseinander setzen und sich überlegen, mit welcher Strategie Sie den Kunden überzeugen können.

Überlegen Sie sich, an welchen Punkten des Angebotes der Kunde Kritik äußern könnte. Dann sind Sie gut vorbereitet und können sich schon vorab entkräftende Gegenargumente überlegen.

Sachliche Äußerungen des Kunden sollten Sie immer ernst nehmen und mit einer realistischen Modifikation Ihres Angebotes berücksichtigen. Dabei müssen Sie aber einen ausgeglichenen Mittelweg zwischen Kunde und Firma finden – ökonomische Luftschlösser dürfen Sie nicht bauen, denn Sie müssen auch stets die wirtschaftlichen Interessen des Unternehmens im Blick behalten.

Schwierige Situationen können Sie mithilfe der modifizierten »Ja, aber ...«-Technik deeskalieren: Verwenden Sie Formulierungen wie »Ich gebe Ihnen in diesem Punkt Recht, Sie sollten jedoch auch bedenken, dass ...« oder »Sicherlich ist nicht alles perfekt gelaufen, im Sinne unserer guten Geschäftsbeziehung sollten wir nun nach einer Lösung suchen. Ich könnte mir vorstellen, dass ... für Sie interessant wäre.« Sie haben vielleicht gleich bemerkt, dass in unseren Beispielformulierungen sowohl das Wort »Ja«, als auch das Wort »aber« fehlen. Denn der Einsatz von »Ja, aber ...«-Formulierungen führt in Gesprächen leider viel zu schnell zu einer konfrontativen, sich aufschaukelnden negativen Stimmung. Stattdessen stimmen Sie dem Kunden erst zu (»Ja«) und machen dann ein konkretes Angebot (»aber«). So zeigen Sie, dass Sie Verständnis für die Position des Kunden haben, aber nicht jeden seiner Wünsche erfüllen wollen oder können.

Gerade bei der Deeskalation schwieriger Situationen hilft die Einnahme einer sehr offenen Körperhaltung. Arbeiten Sie mit offenen Handflächen und Aufzählungsgesten. Außerdem können Sie den Kunden immer wieder mit Namen anreden, um einen persönlichen Draht herzustellen. Die Sitzposition sollten Sie nach Möglichkeit über Eck wählen, um eine Konfrontationshaltung gar nicht erst entstehen zu lassen.

Sie sammeln Pluspunkte, wenn Sie das Kundengespräch im vorgegebenen Zeitrahmen mit einer kurzen Zusammenfassung der vereinbarten Punkte beenden. Besprechen Sie den weiteren Ablauf, zum Beispiel bis wann die Ware geliefert wird oder wann das nächste Gespräch stattfindet. Beim Abschied besiegeln Sie das Geschäft mit einem kräftigen Händedruck und einem offenen Blick in das Gesicht des Kunden.

Unsere Übersicht *Vertrieb im Blut* zeigt Ihnen nochmals zusammengefasst, wie Sie die Beobachter positiv beeindrucken können.

Vertrieb im Blut

Verhalten des Kandidaten:	Deutung der Beobachter:
Die Kandidatin erarbeitet aktiv die gemeinsame Interessenlage.	→ Sie verfügt über Kundenorientierung.
Der Kandidat beleuchtet das Angebot in allen Facetten und stellt den Produktnutzen heraus.	→ Er verfügt über Beratungskompetenz.

Die Kandidatin nimmt Einwände des Kunden ernst, versucht aber weiterhin ihn mit passgenauen Argumenten zu überzeugen.	→ Sie besitzt Einfühlungsvermögen, lässt sich aber von Ihren grundsätzlichen Verhandlungszielen nicht abbringen.
Der Kandidat deeskaliert schwierige Situationen.	→ Er ist konfliktfähig, weil er in der Lage ist, das Gespräch zurück auf die Sachebenen zu führen.
Die Kandidatin arbeitet mit offenen Fragen.	→ Sie kennt nützliche Gesprächstechniken und ist dialogfähig.
Der Kandidat hat am Ende ein Ergebnis erzielt.	→ Er ist ein Verkäufertalent.

Sie können Kundengespräche zu Hause üben, um sich auf diese Assessment-Center-Übung vorzubereiten. Bitten Sie Freunde oder Kollegen, Ihnen als fiktive Kunden zur Verfügung zu stehen. Setzen Sie sich einen Zeitrahmen, und versuchen Sie, ein bestimmtes Produkt oder eine Dienstleistung an den Mann oder die Frau zu bringen, oder drücken Sie Ihrem Gesprächspartner einen Alltagsgegenstand in die Hand, den er oder sie bei Ihnen aufgebracht reklamieren soll.

Da Sie wissen, in welcher Branche und in welcher Funktion Sie sich bewerben, können Sie Ihre Übungseinheiten dahingehend ausrichten. So machen Sie sich auch gleich mit den unternehmenstypischen Produkten und Dienstleistungen vertraut.

Bereiten Sie Ihre Kundengespräche mit einem Blick ins Internet vor. Auf den Firmenhomepages finden Sie die schlagkräftigsten Argumente, die für bestimmte Produkte oder Dienstleistungen sprechen, bereits aufgeführt. Machen Sie sich damit vertraut, wie die Unternehmen selbst für ihre Angebote werben – dann können Sie sich der positiven Aufmerksamkeit der Beobachter im Assessment-Center sicher sein. Bei Ihrer Vorbereitung auf diese Übung hilft Ihnen unsere *Checkliste für Ihr Kundengespräch*.

Checkliste für Ihr Kundengespräch

→ Nutzen Sie die Vorbereitungszeit, um eine Strategie für Ihr Kundengespräch zu entwickeln.
→ Sammeln Sie Pro- und Kontra-Argumente, um auf Einwände vorbereitet zu sein.
→ Versetzen Sie sich in die Lage des Kunden: Was könnte für ihn wichtig sein?
→ Sprechen Sie den Kunden bei der Begrüßung und im laufenden Gespräch mit Namen an.
→ Bringen Sie nicht zu früh ein konkretes Angebot auf den Tisch, sondern holen Sie zunächst die generelle Zustimmung ein, ein bestimmtes Produkt oder eine bestimmte Dienstleistung zu benötigen.
→ Arbeiten Sie mit offenen Fragen, um den Kunden zum Reden zu bringen.
→ Nutzen Sie Alternativfragen, um die Wünsche des Kunden näher einzugrenzen.
→ Aufgebrachte Kunden sollten die Gelegenheit erhalten, erst einmal Dampf abzulassen. Stimmen Sie sie danach mit der modifizierten »Ja, aber ...«-Gesprächstechnik auf Ihren Lösungsvorschlag ein.

→ Setzen Sie sich nach Möglichkeit mit dem Kunden über Eck, und nicht gegenüber.
→ Nutzen Sie Zustimmungsgesten und -laute, um den Kunden am Reden zu halten.
→ Sorgen Sie mit offenen Gesten für ein Wir-Gefühl und verwenden Sie auch entsprechende Formulierungen.
→ Halten Sie am Ende ein Ergebnis fest und liefern eine Zusammenfassung.

7. Vortrag: Ihre Präsentationsstärke

In der Übung Vortrag müssen die Assessment-Center-Kandidaten beweisen, dass sie sowohl die Präsentation eines Fachthemas als auch das Publikum in den Griff bekommen können. Die Themenstellungen sind üblicherweise so allgemein gehalten, dass jede Kandidatin und jeder Kandidat etwas zum Thema sagen können sollte.

Da die meisten Menschen ohnehin sehr viel Respekt vor öffentlichen Redeauftritten haben, wird die Anspannung der Kandidaten in der Stresssituation Assessment-Center noch zusätzlich erhöht. Deshalb schätzen die Beobachter diese Übung als einen echten, aussagekräftigen Stresstest. Hinzu kommt, dass Präsentationen im heutigen Arbeitsalltag einen hohen Stellenwert haben, und deshalb möchte man sich davon überzeugen, ob Sie mit dieser Herausforderung auch zurechtkommen. Stellen Sie unter Beweis, dass Sie informieren, überzeugen oder sogar mitreißen können.

Präsentieren Sie Ihre Ideen

Präsentationen werden bei der alltäglichen Arbeit zunehmend wichtiger, denn Vorgesetzte, Kollegen und Mitarbeiter wollen informiert und eingebunden werden. Das gilt inzwischen nicht mehr nur für die Bereiche Marketing und Vertrieb – auch in anderen Unternehmensbereichen wie Forschung und Entwicklung, Service und Produktion muss heutzutage ständig Überzeugungsarbeit geleistet werden.

Die unternehmensinterne Abstimmung zwischen einzelnen Abteilungen tut ein Übriges: In abteilungsübergreifenden Projektgruppen muss der Input der eigenen Abteilung für die anderen Projektmitglieder verständlich vermittelt werden. Ihre Rhetorik- und Präsentationskenntnisse sind deshalb sehr gefragt.

> **Das sollten Sie sich merken:**
> Damit Sie mit Ihrer Präsentation überzeugen, sollten Sie Ihren Vortrag deutlich auf die Bedürfnisse des Publikums ausrichten und Fachthemen auch für abteilungsfremde Zuhörer verständlich erläutern.

Wie auch in Projektgruppen dürfen Sie sich nicht permanent hinter speziellen Fachtermini verstecken. Damit die Informationen wirklich aufgenommen und verstanden werden können, sollten Sie sie – zumindest teilweise – visualisieren. Der Medieneinsatz von Flipchart oder Overheadprojektor und manchmal auch PowerPoint ist bei Vorträgen daher unerlässlich.

Nicht immer beschränkt sich diese Übung auf das reine Präsentieren eines Themas. Oft ist auch vorgesehen, dass an den Vortrag eine Fragerunde anschließt, in der sich die Kandidaten kritischen Anmerkungen der Beobachter stellen müssen. Hier ist es vor allem wichtig, sich nicht aus der Ruhe bringen zu lassen und auch auf heftige Kritik souverän und gelassen einzugehen.

Es gibt in dieser Übung noch einen weiteren wichtigen Aspekt: Sie müssen beim Vortrag nicht nur ein Thema und das Publikum, sondern auch sich selbst im Griff haben. Ihre Körpersprache gibt den Beobachtern dabei zusätzliche Hinweise.

Die Vortragsthemen, mit denen Sie in dieser Übung konfrontiert werden können, lassen sich grob in diese drei Themenbereiche einteilen:

1. zukünftige Branchenentwicklung,
2. Mitarbeiterqualifikation,
3. Verbesserungsvorschläge.

Beispielthemen aus diesen drei Bereichen, die bereits in Assessment-Centern eingesetzt worden sind, haben wir in der Übersicht »Themen für Vorträge« für Sie zusammengestellt.

Themen für Vorträge

- »Wo liegen die vielversprechendsten Wachstumsfelder unserer Branche?«
- »Wie lässt sich die Kundenorientierung auf allen Ebenen des Unternehmens verankern?«
- »Welche Einsparpotenziale sehen Sie in Ihrer Abteilung?«
- »Mit welchen Maßnahmen lässt sich wirkungsvoll eine zu hohe Personalfluktuation eindämmen?«
- »Wie sieht die Zukunft der Automobil-/Versicherungs-/Energieversorgerbranche aus?«
- »Wie lässt sich Deutschland als Standort für ausländische Investoren interessanter machen?«
- »Mit welchen Benefits lässt sich die Einsatzfreude der Außendienstmitarbeiter steigern?«

Allgemeine politische Vortragsthemen kommen in Assessment-Centern mit berufserfahrenen Kandidaten nur noch selten vor. Anders sieht es bei Berufseinsteigern aus: Dann können auch Themen wie »Verkürzung aller Berufsausbildungen von drei auf zwei Jahre«, »Verbesserung der Schulausbildung« oder »Führerschein mit 16 Jahren« gestellt werden. Diese allgemein gehaltenen Vortragsthemen haben dann den Vorteil, dass dazu eigentlich jeder Berufseinsteiger etwas sagen können sollte.

Aber auch bei den Themen, die einen beruflichen Bezug haben, erwarten die Beobachter, dass idealerweise jeder Assessment-Center-Teilnehmer mitreden kann. Um sich auf dem Laufenden zu halten, sollten Sie die Tipps beherzigen, die wir Ihnen schon im Kapitel *Gruppendiskussion: Ihr Teamgeist* zur Vorbereitung gegeben haben: Lesen Sie den Wirtschaftsteil überregionaler Zeitungen, blättern Sie Wirtschaftsmagazine durch oder klicken Sie sich regelmäßig durch die entsprechenden Internetseiten der Zeitungen und Zeitschriften. Dann sollte Ihnen genug zu den möglichen Themen einfallen.

Wenn Sie das Vortragsthema erhalten haben, sollten Sie die Vorbereitungszeit nutzen, um in einem persönlichen Brainstorming zunächst möglichst viele Argumente zu sammeln. Anschließend sollten Sie Ihre Argumente sichten und die aussagekräftigsten auswählen. Suchen Sie möglichst Schlagworte mit einer großen Signalwirkung aus, die beim Zuhörer hängen bleiben.

Nun gilt es noch, die jeweiligen Argumente stichwortartig in eine vernünftige Reihenfolge zu bringen. Für den Aufbau Ihrer Präsentation empfehlen wir Ihnen folgendes Schema:

1. **Nennen Sie das Thema.**
2. **Verdeutlichen Sie die Wichtigkeit oder den Nutzen des Themas für die Zuhörer.**

3. Legen Sie die aktuelle Situation detailliert dar.
4. Analysieren Sie diese Situation.
5. Erläutern Sie, wie sie zukünftig aussehen sollte.
6. Zeigen Sie Maßnahmen, wie sich dieses Ziel erreichen lässt.
7. Liefern Sie eine Zusammenfassung mit klaren Handlungsanweisungen.

Wenn Sie sich dann noch überlegen, welche Medien Sie zur Unterstützung einsetzen wollen, können Sie dem Vortrag selbstbewusst entgegensehen. Zunächst möchten wir Ihnen aber noch zeigen, was beim unvorbereiteten Vortrag alles schief laufen kann.

Angst vor dem Publikum

Bei der Übung Vortrag lassen sich alle Fehler beobachten, die auch bei Redeauftritten im Berufsleben immer wieder begangen werden. Im Assessment-Center wiegen diese Fehler aber besonders schwer.

Wer sich beim Vortrag gleich zu Beginn schutzsuchend hinter den Tisch stellt, sich am Overheadprojektor festklammert oder zurückweicht, bis er mit dem Rücken tatsächlich »zur Wand steht«, hinterlässt einen überforderten Eindruck. Gerade in der wichtigen Anfangsphase des Vortrages wird genau registriert, wie der Vortragende die Bühne betritt und sich seinem Publikum stellt. Wer sich aber ängstlich und eingeschüchtert zeigt, kann kaum darauf hoffen, von seinen Zuhörern ernst genommen zu werden.

Manche Kandidaten versuchen, ihre Anspannung dadurch im Zaum zu halten, dass sie ihren während der Vorbereitungszeit ausformulierten Vortrag ablesen. Sie hoffen, dass sie dadurch den gefürchteten Blackout umgehen können. Diese Hoffnung kann aber trügen, da das in den Händen gehaltene Papier ein erstklassiger »Zitterverstärker« ist: Eine leichte Nervosität, die sonst unbemerkt bleiben würde, wird durch das vibrierende Papier nicht nur dem Publikum bewusst, sondern auch dem Redner selbst. Unsicheren Kandidaten kann es dann passieren, dass sie den Faden verlieren – also genau das, was sie eigentlich vermeiden wollten. Zudem leidet die Lebendigkeit des Vortrags, wenn man nur vom Papier abliest und das Publikum nicht im Blick behält.

Ein Publikum, das nicht richtig wahrgenommen wird, kann nicht überzeugt werden. Um das zu vermeiden und um den Vortrag insgesamt aufzulockern, empfehlen wir Ihnen, den Zuhörern die Vortragsinhalte durch einen gekonnten Medieneinsatz zu visualisieren. Im Assessment-Center ist die Verwendung von Laptop und Beamer aber die Ausnahme. Deshalb sollten Sie die traditionellen Medien für Ihren Vortrag einplanen.

> **Vorsicht Falle!**
> Da die meisten Berufstätigen inzwischen PowerPoint-Präsentationen halten, ist ihnen der Umgang mit Overhead, Flipchart oder Whiteboard nicht mehr so geläufig. Machen Sie sich deshalb im Vorfeld mit diesen traditionellen Medien wieder vertraut.

Viele Kandidaten machen weiter den Fehler, dass sie ihren Vortrag nicht ausreichend gliedern. Kandidaten, die ihren Text einfach herunterleiern und nicht deutlich machen können, an welcher Stelle im Vortrag sie sich gerade befinden, hinterlassen den Eindruck, auch sonst unstrukturiert vorzugehen. Gleiches gilt für fehlende Zwischen- und Schlusszusammenfassungen.

Der Respekt der meisten Menschen vor öffentlichen Redeauftritten ist durchaus berechtigt, schließlich steht man – wie in Urzeiten – als Einzelner vor einer fremden Horde, ohne zu wissen, wie wohlgesonnen sie einem ist. Daher tauchen gerade im Vortrag massiv die so genannten Unsicherheitsgesten auf: Wer Übersprungshandlungen wie das Kratzen am Kopf, das Reiben an der Nase oder das Herumnesteln an der Kleidung zeigt, wirkt gestresst und überfordert.

Aber auch eine körpersprachliche Kampfansage an das Publikum schwächt die eigene Position. Wer auf Zwischenfragen in patzigem Ton antwortet, wegwischende Handbewegungen macht oder womöglich die Fäuste ballt, zeigt nur, dass er schnell die Nerven verliert.

Damit Ihnen diese Fehler nicht passieren, haben wir die häufigsten in der Übersicht *Der Funke springt nicht über* für Sie festgehalten.

Der Funke springt nicht über

Verhalten des Kandidaten:	Deutung der Beobachter:
Der Kandidat versteckt sich hinter dem Overheadprojekt oder dem Tisch.	→ Er hat Angst vor öffentlichen Auftritten.
Die Kandidatin liest ihr Manuskript ab.	→ Sie hat keine Überzeugungskraft.
Der Kandidat liefert keine Gliederung und keine Zusammenfassung.	→ Er hat eine unstrukturierte Arbeitsweise.

Die Kandidatin spricht zu leise.	→ Sie hat kein Selbstbewusstsein.
Der Kandidat setzt keine Medien ein.	→ Er verfügt über ein schlechtes Informationsverhalten.
Die Kandidatin verknotet ihre Beine ineinander.	→ Sie hat Selbstzweifel und ist unsicher.
Der Kandidat zeigt Übersprungshandlungen wie das Kratzen am Hinterkopf oder das Reiben des Nasenrückens.	→ Er kann nicht souverän und glaubwürdig Auftreten.
Die Kandidatin antwortet patzig auf Nachfragen.	→ Sie ist nicht kritikfähig und missversteht berechtigte Nachfragen als persönliche Angriffe.

Reden wie ein Profi

Da auch die Beobachter aus eigener – teils leidvoller – Erfahrung wissen, wie sehr Redeauftritte am Nervenkostüm zerren können, lassen sie sich im Assessment-Center durch einen souveränen Auftritt beim Vortrag durchaus beeindrucken.

Um von Anfang an Belastbarkeit und Selbstsicherheit zu demonstrieren, sollten Sie sich unbedingt frei vor das Publikum stellen. Widerstehen Sie der Versuchung, Schutz hinter Gegenständen zu suchen. Treten Sie stattdessen nach vorne und positionieren Sie sich zwischen den Medien, die Sie einsetzen werden, also beispielsweise zwischen Flipchart und Overheadprojektor.

Richten Sie von Anfang an den Blick ins Publikum und sorgen Sie dafür, dass Sie den Blickkontakt immer wieder neu aufbauen, wenn Sie sich zwischenzeitlich mit den verschiedenen Medien beschäftigt haben. Denken Sie also beim Anschreiben an das Flipchart daran, sich immer wieder zum Publikum umzudrehen und Ihre Skizzen zu erläutern.

Achten Sie darauf, dass Sie dem Publikum einen freien Blick auf Ihre Visualisierungen geben. Stellen Sie sich also nicht in den Lichtkegel des Overheadprojektors oder vor das Flipchart. Gute Visualisierungen sollten lesbar sein, deshalb sollten Sie für Flipchart, Whiteboard und Overheadfolien eine ausreichend große Schrift verwenden.

Beachten Sie auch die bewährte Präsentationsregel, nicht mehr als sieben Gliederungspunkte auf einer Folie festzuhalten. Wenn Sie mehr zu sagen haben, müssen Sie mehrere Folien anfertigen.

Ihre Vortragsgliederung sollten Sie gleich am Anfang der Präsentation vorstellen. Eine Overheadfolie, die immer wieder aufgelegt werden kann, eignet sich dafür optimal. Sie können aber auch die Hauptgliederungspunkte an das Flipchart oder Whiteboard schreiben oder aber Gliederungskarten an den Metaplan heften.

Ihre Vortragsgliederung wird Ihnen helfen, den Vortrag strukturiert durchzuführen. Sie können dann Ihre Notizen getrost aus der Hand legen und frei vortragen.

Das sollten Sie sich merken:
Versuchen Sie, Ihren Vortrag frei und ohne Notizzettel zu halten – so wirken Sie überzeugender und können bei den Beobachtern punkten.

Sie sollten auch deswegen frei reden, weil Sie Ihre Hände für unterstützende Gesten brauchen: Sie können Ihre Hände nicht für Aufzählungs-, Unterstreichungs- oder Hinweisgesten nutzen, wenn Sie sie durch ein in den Händen gehaltenes Manuskript blockieren.

Mikrofone werden bei der Vortragsübung selten gestellt. Daher müssen Sie sich um eine angemessene Lautstärke bemühen, und sprechen Sie lieber etwas langsamer als zu schnell. Berücksichtigen Sie, dass das Publikum Ihre Äußerungen dann am besten versteht, wenn Sie sich ihm zuwenden.

Wie bei der Gruppendiskussion, dem Mitarbeitergespräch oder dem Kundengespräch sollte auch Ihr Vortrag mit einem Ergebnis enden. Treffen Sie eine Abwägung zwischen verschiedenen Alternativen, zeigen Sie einen gangbaren Weg auf oder umreißen Sie noch einmal die Maßnahmen, die Ihrer Meinung nach getroffen werden müssen.

In der eventuell anschließenden Frageunde sollten Sie im Kopf behalten, dass es den Beobachtern hauptsächlich darum gehen wird, Sie aus dem Konzept zu bringen. Lassen Sie sich nicht auf einen Streit ein, sondern verteidigen Sie ruhig und gelassen Ihre Position, indem Sie Ihre schlagkräftigsten Argumente wiederholen. Bleiben Sie auch körpersprachlich souverän: Weichen Sie nicht vor kritischen Fragen zurück, sondern gehen Sie stattdessen lieber einen Schritt auf den Frager zu und blicken Sie ihm freundlich und selbstbewusst ins Gesicht.

Das Ende der Fragerunde sollten Sie aktiv gestalten. Bedanken Sie sich für die Anmerkungen und Ergänzungen aus dem Publikum und erklären Sie den Vortrag offiziell für beendet. Stürmen Sie dann nicht gleich hektisch von der Bühne. Besser ist es, noch einen Moment stehen zu bleiben und den Blick noch ein letztes Mal ins Publikum zu richten – dann können Sie ruhig an Ihren Platz zurückgehen.

Die Übersicht »Publikum und Thema im Griff« zeigt Ihnen die wichtigsten Tipps, mit denen Sie die Übung Vortrag souverän meistern.

Publikum und Thema im Griff

Verhalten des Kandidaten:	Deutung der Beobachter:
Die Kandidatin stellt sich frei vor das Publikum.	→ Sie ist belastbar und selbstsicher.
Der Kandidat arbeitet mit einer Vortragsgliederung und abschließender Zusammenfassung.	→ Er verfügt über eine klare und strukturierte Vorgehensweise.
Die Kandidatin trägt frei vor.	→ Sie ist überzeugend und kommunikativ.
Der Kandidat setzt Medien ein und liefert anschauliche Beispiele.	→ Er ist ein mitreißender Redner mit Motivationskraft.
Die Kandidatin spricht in angemessener Lautstärke direkt ins Publikum.	→ Sie ist selbstbewusst und standfest.
Der Kandidat unterstreicht Äußerungen mit Gesten.	→ Er kann glaubwürdig auftreten.
Die Kandidatin beendet den Vortrag mit einem Maßnahmenkatalog.	→ Sie verfügt über eine klare Zielorientierung und bringt Macherqualitäten mit.
Der Kandidat reagiert auch auf Nachfragen souverän.	→ Er ist standhaft und kann seine Meinung mit Ausdauer begründen.

Es lohnt sich, sich zu Hause mit der Strukturierung und dem Aufbau von Vorträgen zu beschäftigen. Üben Sie, unsere Tipps zur Übung Vortrag Schritt für Schritt umzusetzen. Als Ersatz für das Publikum können Sie eine Videokamera verwenden. Wenn Sie sich in Aktion filmen, können Sie sowohl einen Lautstärke-Check als auch eine Überprüfung des Blickkontaktes und der Körpersprache durchführen. Setzen Sie sich ausgewählte Übungsziele, um ein besseres und souveräneres Vortragsverhalten zu entwickeln. So können Sie sich beispielsweise vornehmen, am Prinzip der freien Hände zu arbeiten, Zwischenzusammenfassungen zu geben oder immer wieder den Blickkontakt zum – imaginären – Publikum aufzubauen.

Die Einübung von Vortrags- und Präsentationstechniken wird Ihnen nicht nur speziell im Assessment-Center, sondern auch allgemein im Berufsalltag weiterhelfen.

Mit der *Checkliste für Ihren Vortrag* stellen wir Ihnen jetzt noch einmal die Essentials für Präsentationen im Assessment-Center vor, die Sie auch bereits bei Ihren Testläufen berücksichtigen sollten.

Checkliste für Ihren Vortrag

→ Sammeln Sie in der Vorbereitungszeit in einem Brainstorming die wesentlichen Schlagworte zum Thema.
→ Entwickeln Sie dann ein stichwortartiges Vortragsmanuskript.
→ Überlegen Sie sich, wie Sie die vorhandenen Medien einsetzen können.
→ Notieren Sie sich deutlich lesbar die Endzeit des Vortrages auf Ihrem Manuskript.

- → Positionieren Sie sich zu Beginn des Vortrags frei vor dem Publikum und legen Sie Papier und Stift aus der Hand.
- → Wiederholen Sie für die Zuhörer das Thema und stellen Sie Ihre Vortragsgliederung vor.
- → Visualisieren Sie Ihre Vortragsinhalte, um Ihren Vortrag lebendig zu gestalten.
- → Medieneinsatz ist aktiver Stressabbau. Wechseln Sie deshalb beispielsweise zwischen Flipchart und Overheadprojektor hin und her.
- → Suchen Sie während des Vortrages immer wieder den Blickkontakt zu Ihrem Publikum.
- → Liefern Sie eine Schlusszusammenfassung und stellen Sie, wenn möglich, einen Maßnahmenkatalog vor.
- → Bleiben Sie in einer eventuell anschließenden Fragerunde gelassen und sachlich.

8. Interview: Ihr berufliches Profil

Interviews können sowohl in Assessment-Center integriert als auch vorgeschaltet sein. Häufig müssen Sie, bevor Sie eine Einladung zum Assessment-Center erhalten, die Hürde Vorstellungsgespräch überspringen, manchmal auch in Form eine Telefoninterviews. Oder das Unternehmen führt das Vorstellungsgespräch oder Interview mit Ihnen direkt im Assessment-Center durch.

Im Interview werden Sie mit typischen »Personalerfragen« konfrontiert, mit denen die Beobachter etwas über Ihre Persönlichkeit erfahren wollen. Sie möchten wissen, wie Sie mit beruflichen Situationen, Vorgesetzten, Kollegen, Mitarbeitern und Kunden umgehen, und nicht zuletzt ist auch ein wichtiger Punkt, wie Sie sich selbst managen.

Soft Skills im Interview

Das Interview im Assessment-Center hat zwar Ähnlichkeit mit einem Vorstellungsgespräch, aber die Schwerpunkte sind oft anders gelagert – so geht es bei Assessment-Centern für Führungskräfte vor allem um die Führungskompetenz. Darüber hinaus werden die wesentlichen Themen aus dem Bereich der Soft Skills abgefragt. Es werden also Fragen zur Leistungsmotivation, zum Selbstmanagement, zur Kundenorientierung, zur Teamfähigkeit, zur Selbstreflexion, zur Arbeitsmethodik und natürlich auch zur Belastbarkeit gestellt.

> **Das ist neu:**
> Generell liegt der Schwerpunkt im Interview eher auf den sozialen Kompetenzen – den so genannten Soft Skills – als auf dem Fachwissen.

Wichtig für Ihre Antwortstrategie ist, dass Sie stets Beispiele und Belege für Ihre Behauptungen anführen, denn nur so wirken Ihre Soft Skills auch glaubwürdig und überzeugend. Typische Fragen aus diesen Bereichen haben wir in der Übersicht *Fragen im Interview* für Sie zusammengestellt.

Fragen im Interview

Fragen zur Führungskompetenz:
→ »Welchen Führungsstil bevorzugen Sie?«
→ »Was zeichnet eine gute Führungskraft aus?«
→ »Wie lässt sich ein Team effektiv führen?«
→ »Wie lösen Sie Konflikte im Team auf?«
→ »Woran merken Ihre Mitarbeiter, dass Sie mit deren Leistungen unzufrieden sind?«

Fragen zur Leistungsmotivation:
→ »Was war Ihr schönster Erfolg?«
→ »Wie gehen Sie mit Misserfolgen um?«
→ »Was wollen Sie beruflich noch erreichen?«
→ »Was würden Sie in Ihrem Berufsweg anders machen, wenn Sie noch einmal von vorne anfangen könnten?«
→ »Welche Menschen sind für Sie berufliche Vorbilder, und warum?«

Fragen zum Selbstmanagement:
- »Wie gehen Sie mit außergewöhnlichen Belastungen um?«
- »Haben Sie schon einmal den Überblick verloren?«
- »Wie motivieren Sie sich für die tägliche Arbeit?«
- »Wie lange brauchen Sie, um mit den neuen Aufgaben klarzukommen?«
- »Wie entspannen Sie sich?«

Fragen zur Kundenorientierung:
- »Was könnte man tun, um die Kundenorientierung im Unternehmen zu verbessern?«
- »Was zeichnet erfolgreiche Unternehmen aus?«
- »Wie gehen Sie mit schwierigen Kunden um?«
- »Wie lassen sich unseren Kunden nachhaltiger als bisher binden?«
- »Was müsste geschehen, damit Sie einen Kunden des Hauses verweisen?«

Fragen zur Teamfähigkeit:
- »Arbeiten Sie lieber in der Gruppe oder allein?«
- »Was bedeutet Teamfähigkeit für Sie?«
- »Welche Eigenschaften stören Sie bei anderen?«
- »Wie kann man Auszubildende für den Gedanken der Teamarbeit begeistern?«
- »Wo sehen Sie die Grenzen von Teamarbeit?«

Fragen zur Selbstreflexion:
- »Was würden Ihre Kollegen an Ihnen lobend erwähnen?«
- »Was würde Ihr letzter Chef an Ihnen kritisieren, wenn ich ihn jetzt anrufen würde?«
- »Wo liegen Ihren Stärken?«

→ »Haben Sie Schwächen?«
→ »Haben Sie sich in den letzten fünf Jahren persönlich weiterentwickelt? Wenn ja, in welchen Bereichen?«

Fragen zur Arbeitsmethodik:
→ »Wie gehen Sie an Arbeitsaufgaben heran?«
→ »Was brauchen Sie, um erfolgreich arbeiten zu können?«
→ »Trauen Sie sich die neuen Aufgaben wirklich zu?«
→ »Was machen Sie, wenn Sie mit einer beruflichen Aufgabe nicht mehr weiterkommen?«
→ »Bei der Erledigung welcher Aufgaben sind Sie heute deutlich schneller als früher?«

Fragen zur Belastbarkeit:
→ »Können Sie unter hohem Druck arbeiten?«
→ »Wo liegen Ihre persönlichen Grenzen?«
→ »Wie gehen Sie mit schwierigen Situationen um?«
→ »Woran merken Ihre Kollegen, dass Sie nur noch einen Schritt davon entfernt sind zu explodieren?«
→ »Was würden Sie einem Kollegen raten, der glaubt unter einem Burnout zu leiden?«

Fehlerhafter Auftritt

Kandidaten, die das Interview als netten Dialog missverstehen, erleiden Schiffbruch. Nicht wenige unterliegen der Fehlannahme, dass durch die Auswertung der schriftlichen Unterlagen doch schon bekannt sei, welch gute Arbeit sie in der

Vergangenheit geleistet haben. Dies ist aber ein Trugschluss, denn schließlich wollen die Beobachter im Assessment-Center herausbekommen, was künftig noch von den Kandidaten zu erwarten ist – und die Messlatte dafür ist hoch gehängt.

Wer hier im Interview keine zusätzliche Überzeugungsarbeit leistet, muss sich die Einschätzung der Beobachter gefallen lassen, dass er kein Kommunikationsgeschick in Sachen Selbstmarketing mitbringt und auch im Job ein eher defensives Informationsverhalten an den Tag legen wird.

Kann der bisherige berufliche Werdegang nicht nachvollziehbar dargestellt werden, erscheint der Kandidat ungewollt als planlos und wenig zielorientiert. Auch der Verzicht auf die ausdrückliche Darstellung besonderer beruflicher Erfolge kostet wichtige Punkte. Bewerber, die es nicht schaffen, überzeugende Beispiele aus der Berufspraxis für erfolgreiche Arbeit anzugeben, hinterlassen einen eher durchschnittlichen Eindruck.

Wenn die Beobachter auf Ihre positiven und negativen Charakterzüge zu sprechen kommen, sollten Sie nicht nur zu den persönlichen Stärken, sondern auch zu den Schwächen etwas sagen können. Wer von sich behauptet, keine Schwächen zu haben, oder versucht, sich mit »lustigen« Sprüchen über die Runden zu bringen, hinterlässt den Eindruck mangelnder Fähigkeit zur Selbstreflexion. Zudem können Beobachter ungehalten reagieren, wenn Kandidaten scheinbar versuchen, sie auf die Schippe zu nehmen: Wer beispielsweise behauptet, seine Schwäche sei ein »ab und an zu viel gegessenes Stück Torte«, kann schnell Kampfstimmung aufkommen lassen. Die Beobachter fühlen sich dann nicht ernst genommen und werden das den Kandidaten auch spüren lassen.

Kandidaten, die sich die Worte förmlich aus der Nase ziehen lassen, präsentieren sich zu verschlossen. Man wird ihnen kein Geschick im Umgang mit Mitarbeitern und vor allem Kunden zutrauen. Wenn Kandidaten dann noch Unsicherheitsgesten zeigen oder bei Stressfragen einknicken, wird man ihnen nicht abnehmen, dass sie sich selbst auch als geeignet einschätzen. Ein Assessment-Center-Kandidat, der aber selbst nicht hinter der angestrebten beruflichen Entwicklung steht, wird erst recht nicht andere davon überzeugen können.

Was im Interview alles schief laufen kann, zeigt Ihnen die Übersicht *Negative Selbstdarstellung*.

Negative Selbstdarstellung

Verhalten des Kandidaten:	Deutung der Beobachter:
Die Kandidatin kann keinen roten Faden im beruflichen Werdegang aufzeigen.	→ Sie ist nicht zielorientiert und überlässt alles dem Zufall.
Der Kandidat beschreibt sich mit Floskeln und Allgemeinplätzen.	→ Er hat kein individuelles Profil.
Die Kandidatin kann keine besonderen Erfolge vorweisen.	→ Sie hat keinen Biss und es mangelt ihr an Ehrgeiz.
Der Kandidat nennt »lustige« Schwächen.	→ Er wird auch den Job nicht ernst genug nehmen.
Der Kandidat lässt sich die Worte aus der Nase ziehen.	→ Er ist ein verschlossener Typ.
Die Kandidatin zeigt bei Stressfragen Unsicherheitsgesten.	→ Sie ist sich ihrer selbst nicht sicher.

Gutes Profil

Zeigen Sie auch in der Assessment-Center-Übung Interview, dass von Ihnen mehr als vom Durchschnitt zu erwarten ist. Zuerst einmal sollten Sie die Gelegenheit nutzen, um eine kurze Selbstpräsentation Ihrer beruflichen Qualifikation zu geben. Sie werden im Interview häufig aufgefordert werden, kurz Ihren Werdegang darzulegen, oder mit Fragen konfrontiert wie »Was unterscheidet Sie von anderen Kandidaten?« oder »Trauen Sie sich die neue Stelle zu?«. Nutzen Sie diese »Steilvorlagen«, um den Beobachtern in Erinnerung zu rufen, dass Sie genau der oder die Richtige sind. Liefern Sie ein auf die neue Position zugeschnittenes Qualifikationsprofil und fassen Sie kurz die Argumente zusammen, die für Sie sprechen. Orientieren Sie sich bei Ihrer Selbstdarstellung an unserem folgenden Beispiel:

Die Selbstdarstellung einer kaufmännischen Angestellten – als Antwort auf die Schlüsselfrage »Warum sollten wir Sie einstellen?« – könnte wie folgt lauten.

»Für die von Ihnen ausgeschriebene Tätigkeit bringe ich umfangreiche Berufserfahrung in der Entwicklung und Umsetzung von Marketingstrategien, der Kundenbetreuung und der Erstellung von Präsentationen mit. Zurzeit arbeite ich als Marketingreferentin. Ich bin für die Kundenstammanalyse, die Zielgruppendefinition und das Benchmarking zuständig. Als Mitarbeiterin im Projekt Verkaufsförderung entwickele ich zusammen mit anderen Unternehmensbereichen Verkaufsförderungsmaßnahmen und Marketingstrategien, die ich auch in der Umsetzung begleite.
    Weiter beherrsche ich die gängige Bürosoftware MS-Office sicher und ich spreche sehr gut Englisch. Grundlage meiner beruflichen Entwicklung ist meine Ausbildung zur Bankkauffrau.

Meine umfangreichen Erfahrungen aus den Bereichen Vertrieb und Marketing möchte ich gerne bei Ihnen als kaufmännische Angestellte einsetzen.«

> **Das sollten Sie sich merken:**
> Ihr Verweis auf persönliche Erfolge, berufliche Erfahrungen und besondere Leistungen macht Ihr individuelles Profil glaubwürdig.

Damit Sie zeigen können, dass Sie in der Lage sind, sich auch selbst zu hinterfragen, sollten Sie sowohl Ihre Stärken als auch Ihre Schwächen kennen. Machen Sie deutlich, wie sich Ihre Stärken im beruflichen Alltag bemerkbar machen, und zeichnen Sie nach, was Sie getan haben, um Ihre Schwächen besser in den Griff zu bekommen. Ein Tipp noch zum Thema Stärken und Schwächen: Nennen Sie auf Nachfrage ruhig drei Stärken, aber erst einmal nur eine Schwäche.

Auch körpersprachlich können Sie für mehr Souveränität sorgen. Behalten Sie bei Ihren Antworten Blickkontakt zu allen Interviewern, und nicht nur zu der Person, die gerade die Frage stellt. Auch bei Stressfragen sollten Sie bei Ihrer eingeschlagenen Linie bleiben und gelassen reagieren. Am besten ist es, wenn Sie wiederum sachlich und ruhig auf Ihre bisherigen beruflichen Erfolge und Ihre individuellen Stärken verweisen.

Mit welchem Verhalten Sie bei den Beobachtern im Assessment-Center punkten, erfahren Sie in der Übersicht *Überzeugend im Interview*.

Überzeugend im Interview

Verhalten des Kandidaten:	Deutung der Beobachter:
Der Kandidat liefert ein Qualifikationsprofil mit Einstellungsargumenten.	→ Er ist argumentationsstark und zielstrebig.
Die Kandidatin kann ein individuelles Profil deutlich machen.	→ Sie weiß, was sie zum künftigen Unternehmenserfolg beitragen kann.
Der Kandidat kennt seine Stärken und Schwächen.	→ Er hat Realitätssinn.
Die Kandidatin gibt aussagekräftige Antworten.	→ Sie ist kommunikationsstark und überzeugend.
Die Kandidatin hält Blickkontakt zu den Interviewern.	→ Sie ist selbstsicher.
Der Kandidat bleibt bei Stressfragen bei seiner Linie.	→ Er ist konsequent und belastbar.

Das Interview können Sie besser als jede andere Übung zu Hause vorbereiten. Da sich die eingesetzten Fragen immer wieder ähneln, lohnt es sich, sich bereits im Vorfeld mit ihnen auseinanderzusetzen. Sie sind mit Ihrer Vorbereitung einen entscheidenden Schritt weiter, wenn Sie erkennen, worauf der Interviewer mit seiner Frage hinaus will. Wenn Sie dann noch eine stärkenorientierte, passgenaue und glaubwürdige Antwort entwickeln, wird man Sie im Interview im Assessment-Center nicht aus der Ruhe bringen können.

Mit ausführlichen Fragekatalogen und dazugehörigen Beispielantworten würden wir den Rahmen dieses Ratgebers sprengen. Wenn Sie sich sehr intensiv auf Job-Interviews vorbereiten möchten, empfehlen wir Ihnen unseren Praxisratgeber *Trainingsmappe Vorstellungsgespräch. Die 200 entscheidenden Fragen und die besten Antworten*. Nutzen Sie unsere Checkliste für Ihr Interview, mit der Sie sich auf den Ernstfall vorbereiten können.

Checkliste für Ihr Interview

- → Bereiten Sie für Job-Interviews in Assessment-Centern eine kurze Selbstpräsentation vor, die die Frage »Warum sollten wir gerade Sie einstellen?« überzeugend und glaubwürdig beantwortet.
- → Erstellen Sie zur Vorbereitung eine Erfolgsbilanz, in der Sie besondere berufliche Highlights festhalten.
- → Machen Sie sich auf Nachfragen zu Brüchen in der beruflichen Entwicklung gefasst (Job-, Ausbildungs- oder Studienwechsel), damit Sie diese plausibel erklären können.
- → Lassen Sie in Ihre Antworten immer wieder konkrete Beispiele aus Ihrer Berufspraxis einfließen.
- → Liefern Sie im Job-Interview von sich aus Einstellungsargumente.
- → Setzen Sie sich mit Ihren Stärken und Schwächen auseinander, um die Fähigkeit zur Selbstreflexion zu belegen.
- → Handelt es sich um ein Assessment-Center für Führungskräfte, sollten Sie mit persönlichen Beispielen für erfolgreiche Führung Pluspunkte sammeln.
- → Bleiben Sie bei Stressfragen und bohrendem Nachfragen gelassen und antworten Sie weiter sachlich.

→ Geben Sie sich genügend Spielraum im Gespräch und rücken Sie von der Tischplatte ab.
→ Nehmen Sie während Ihrer Antworten Blickkontakt zu den Interviewern auf.

9. Übungen und Tests: Ihre Problemlösungsstärke

Neben den Übungen aus den vorherigen Kapiteln, in denen es vor allem darum geht, aktiv in Gesprächen, Diskussionen oder Vorträgen vor den Beobachtern zu überzeugen, gibt es im Assessment-Center auch noch verschiedene Übungen und Tests, in denen es nicht vorrangig um Ihre Kommunikationsstärken geht.

Nun werden wir Ihnen noch verschiedene Arten von Tests und Übungen vorstellen, die gelegentlich in Assessment-Centern eingesetzt werden: Es geht dabei um Fallstudien, die so genannte Postkorbübung, Konstruktionsübungen und verschiedene Ankreuztests.

Fallstudie: Ihr analytisches Geschick

Wenn man Ihnen eine Fallstudie zur Lösung vorlegt, sind vorrangig Ihre fachlichen Kenntnisse und Ihr Branchenwissen gefragt. Sie können und sollten hier an Ihre Erfahrungen aus dem beruflichen Alltag anknüpfen. Üblicherweise erhalten Sie ein mit Zahlen und Kennziffern gespicktes Szenario. Dieses Szenario müssen Sie innerhalb der vorgegebenen Zeit auswerten und eine Entscheidungsvorlage erarbeiten. Im Mittelpunkt der Übung Fallstudie stehen also Ihre analytischen Fähigkeiten: Sind Sie in der Lage, komplexe Sachverhalte zu durchdringen? Können Sie aus einer abstrakten Datenmenge konkrete Handlungsanweisungen entwickeln?

Damit Sie eine bessere Vorstellung von dieser Übung bekommen, skizzieren wir Ihnen die Aufgabenstellung aus der Fallstudie eines Markenartiklers.

Fallstudie bei einem Markenartikelhersteller

»Mit unseren beiden erfolgreichsten Produkten wollen wir unseren Hauptkonkurrenten angreifen und die Position als Marktführer in diesem Bereich übernehmen. Entwickeln Sie eine Marketingstrategie mit detaillierter Planung der eingesetzten Medien und der zeitlichen Abstimmung. Sie haben 60 Minuten Zeit, anschließend präsentieren Sie das Ergebnis vor der Geschäftsleitung.«

Damit Sie die Bearbeitungszeit optimal ausnutzen können, sollten Sie sich zuerst einen Überblick über die zur Verfügung stehenden Informationen verschaffen. Es gibt Fallstudien, die nur einige Seiten Papier umfassen, wir haben aber auch schon solche erlebt, die den Umfang eines prall gefüllten Aktenordners hatten.

> **Vorsicht Falle!**
> Achten Sie darauf, dass Sie sich nicht an Details festbeißen, denn dann laufen Sie Gefahr, die Aufgabenstellung aus den Augen zu verlieren und die Zeitvorgabe nicht einzuhalten.

Alle Fallstudien sind mit reichlich Zahlenmaterial unterfüttert. So gibt es beispielsweise Angaben zur Personaldecke, zu wichtigen Umsatzträgern, zu Investitionskosten und zu Gewinnen beziehungsweise Verlusten. Suchen Sie sich die für Ihre

Aufgabenstellung wesentlichen Kennziffern heraus, um Ihre Entscheidungsvorlage auch mit Zahlen versehen zu können.

Da es in sehr umfangreichen Fallstudien üblicherweise mehr als einen gangbaren Lösungsweg gibt, sollten Sie in diesem Fall mehrere Szenarien entwickeln und bewerten. Allerdings dürfen Sie Ihre verschiedenen Ergebnisse dann nicht beliebig halten, sondern müssen sich schon für die aus Ihrer Sicht optimale Vorgehensweise entscheiden.

Die Visualisierung Ihrer Ergebnisse spielt in dieser Übung eine große Rolle, denn nur so können Sie Ihre Entscheidung nachvollziehbar machen.

Was Sie in dieser Übung beachten sollten, zeigt Ihnen noch einmal unsere *Checkliste für Ihre Fallstudie*.

Checkliste für Ihre Fallstudie

→ Verschaffen Sie sich zuerst einen Überblick über alle zur Verfügung stehenden Informationen.
→ Halten Sie die wichtigsten Kennziffern fest.
→ Erarbeiten Sie Strategien zur Beseitigung der bestehenden Probleme.
→ Entwickeln Sie im Rahmen einer sehr umfangreichen Fallstudie alternative Vorgehensweisen, die Sie gegeneinander abwägen.
→ Arbeiten Sie die Unterschiede zwischen den verschiedenen Alternativen heraus und entscheiden Sie sich für die Ihrer Meinung nach beste Lösung.
→ Visualisieren Sie Ihre Ergebnisse.
→ Beachten Sie beim Ergebnisvortrag die Regeln für eine gelungene Präsentation.

Postkorb: Ihre Entscheidungsfreude

Bei der Assessment-Center-Übung Postkorb handelt es sich um eine Entscheidungsübung unter Zeitdruck – grob gesagt müssen Sie die Ablage bearbeiten. Sie erhalten einen Stapel von Schriftstücken, verschlossenen Umschlägen und Briefen, oder es kann Ihnen auch passieren, dass Sie den Posteingang Ihres E-Mail-Accounts an einem Computer durchgehen müssen. Ihre Aufgabe ist es dann, in einer bestimmten Zeitspanne alle Vorgänge zu sichten und zu entscheiden, wie Sie mit den enthaltenen Informationen umgehen.

Nicht in jedem Assessment-Center wird die Übung Postkorb durchgeführt. Insbesondere bei zweitägigen Auswahlverfahren sollten Sie sich aber darauf einstellen, dass Sie diese Übung erwartet. Das Szenario ist bei der Postkorb-Übung meistens gleich: Sie nehmen die Rolle einer Führungskraft ein, die kurz vor einer Dienstreise oder einem Urlaub steht. Nun müssen Sie sich noch um Entscheidungsvorlagen, Anfragen, Beschwerden, Notizen von Mitarbeitern und private Angelegenheiten kümmern.

Überfliegen Sie zunächst alle Schriftstücke, die man Ihnen vorgelegt hat. Das ist unbedingt notwendig, denn sonst kann es Ihnen passieren, dass im letzten Schriftstück beispielsweise bekannt gegeben wird, dass sich die Dienstreise um eine Woche verschiebt – und Ihre bisherige Planung damit wertlos wird.

Damit Sie richtig delegieren können, benötigen Sie ein Organigramm des fiktiven Unternehmens. Wird Ihnen keines geliefert, sollten Sie sich selbst eines, bestehend aus in den Unterlagen genannten Vorgesetzten, Kollegen und Mitarbeitern, erstellen. Bei der Terminplanung können Sie den zur Verfügung gestellten Kalender verwenden oder selbst einen Terminplan entwerfen. So überblicken Sie schnell, welche Termine sich überschneiden könnten.

Wichtig ist es bei der Durchsicht der Vorgänge, dass Sie erkennen und auch vermerken, welche zusammengehören oder sich gegenseitig bedingen. Wenn Sie beispielsweise eine Einladung zu einer Konferenz erhalten, kurz darauf aber eine Notiz finden, auf der vermerkt ist, dass die Konferenz auf einen anderen Termin verschoben wurde, müssen Sie natürlich beachten, dass der erste Termin wieder frei geworden ist.

In den Unterlagen werden Sie auch Informationen finden, die für Sie irrelevant sind. Trennen Sie Wichtiges von Unwichtigem, damit Sie keine Energie in Belanglosigkeiten stecken und dadurch in Zeitnot geraten. Eine weitere Unterscheidung, die Sie treffen sollten, ist die in dringlich und nicht dringlich: Manche Aufgaben können Sie bis nach dem Urlaub aufschieben, andere müssen sofort erledigt werden. Aus den vier Kategorien wichtig, weniger wichtig, dringlich und weniger dringlich haben wir eine Entscheidungsmatrix erstellt, die Ihnen bei der Entscheidungsfindung helfen kann.

Entscheidungsmatrix für die Postkorbübung

→ Kategorie 1: Sehr wichtige und sehr dringliche Vorgänge müssen Sie selbst bearbeiten und entscheiden.

→ Kategorie 2: Bei sehr wichtigen, aber weniger dringlichen Vorgängen, sollten Sie sich die Entscheidung vorbehalten und auf einen späteren Termin verschieben.

→ Kategorie 3: Weniger wichtige, aber dringliche Vorgänge sollten Sie an Mitarbeiter delegieren.

→ Kategorie 4: Unwichtige und nicht dringliche Vorgänge sind Zeitfallen, auf die Sie beim Durchsehen nur kurz eingehen und die Sie dann ebenfalls delegieren sollten.

Wenn Sie entscheiden, delegieren und Memos verfassen, sollten Sie sich so verhalten, wie es die Rollenvorgabe auch erfordert. Beachten Sie die Befugnisse, die Sie beispielsweise als Abteilungsleiter haben: Sie dürfen nicht ohne weiteres in andere Ressorts hineinregieren, und auch Fragen der Unternehmensausrichtung sollten Sie lieber der Geschäftsleitung überlassen.

Die Übung Postkorb ist auch ein Stresstest. Nur selten reicht die Zeitvorgabe aus, um eine perfekte Lösung zu erarbeiten. Wichtig ist, dass Sie nicht zwischendurch einbrechen. Analysieren Sie die Informationen gründlich, aber zügig, vermerken Sie Zusammenhänge und tragen Sie die Termine in den Kalender ein. Dann sollten Sie schriftliche Anweisungen und Memos zu den einzelnen Vorgängen verfassen.

Zum Teil schließt sich an den Postkorb ein Gespräch mit einem Beobachter an, der Sie zu den Gründen für Ihre Entscheidungen befragt. Bleiben Sie ruhig, auch wenn man Ihnen an den Kopf wirft, dass Sie gravierende Fehler gemacht haben. Im Wesentlichen möchte man nur überprüfen, ob Sie gute Gründe für Ihre Entscheidungen haben und zu getroffenen Entscheidungen stehen können.

Die Abbildung eines kompletten Postkorbes, den Sie zu Übungszwecken durcharbeiten können, ist aus Platzgründen hier nicht möglich. Sie finden aber einen exemplarischen Postkorb samt Lösungsskizze in unserem Ratgeber *Training Assessment-Center. Die häufigsten Aufgaben – die besten Lösungen.*

In der *Checkliste für Ihren Postkorb* haben wir die wichtigsten Tipps zur Bewältigung dieser Assessment-Center-Übung für Sie zusammengefasst.

Checkliste für Ihren Postkorb

→ Lesen Sie alle gegebenen Informationen, bevor Sie mit der Bearbeitung des Postkorbes beginnen.
→ Falls nicht vorhanden, fertigen Sie ein Organigramm der beteiligten Personen an, um besser delegieren zu können.
→ Machen Sie eine übersichtliche Terminplanung mithilfe eines Kalenders.
→ Unterscheiden Sie, für jeden Vorgang, ob er wichtig oder weniger wichtig und dringlich oder weniger dringlich ist.
→ Machen Sie sich Zusammenhänge zwischen einzelnen Vorgängen klar und vermerken Sie diese auf den Schriftstücken.
→ Denken Sie auch an den betrieblichen Alltag: Was wird üblicherweise delegiert und was übernimmt der Chef oder die Chefin selbst?
→ Beachten Sie die Rollenvorgabe und treffen Sie Ihre Entscheidungen aus der vorgegebenen Perspektive, beispielsweise als Abteilungsleiter.
→ Lassen Sie sich nicht von der knappen Zeitvorgabe irritieren. Nur selten ist der gesamte Postkorb in der vorgegebenen Zeit zu schaffen.

Konstruktionsübung: Ihre Kreativität

Konstruktionsübungen werden eher selten in Assessment-Centern eingesetzt. Es besteht in gewisser Weise eine Nähe zu den Gruppendiskussionen: Sie müssen in den Konstruktionsübungen ebenfalls unter Zeitdruck in der Gruppe ein Ergebnis erzielen. Bei Konstruktionsübungen steht aber nicht nur die

Kommunikations- und Teamfähigkeit der Teilnehmer im Vordergrund, sondern es kommt auch das praktische Handeln hinzu. Manchmal lässt man auch Gruppen gegeneinander antreten, um durch die Wettbewerbssituation den Stressfaktor zu erhöhen.

Damit Sie sich ein besseres Bild davon machen können, was sich hinter der Konstruktionsübung verbirgt, haben wir für Sie einige Aufgabenstellungen aus Assessment-Centern aufgelistet.

Themen in Konstruktionsübungen

- → »Sie erhalten Pappkartons, Klebstoff und Scheren. Konstruieren Sie im Team eine Brücke, die von einem Tisch zum anderen reichen soll und mindestens einen Meter überbrücken kann!«
- → »Wir stellen Ihnen einen Karton mit Bauklötzen zur Verfügung. Entwerfen Sie aus diesen Bauklötzen ein Gebilde, das die optimale Teamstruktur wiedergibt!«
- → »Entwerfen und fertigen Sie aus den zur Verfügung gestellten Materialien eine Verpackung für ein rohes Ei. Ihre Verpackung muss das Ei so schützen, dass es einen Sturz aus 80 Zentimetern Höhe unbeschadet übersteht!«

Bei der Konstruktionsübung müssen Sie sowohl einen eigenen Beitrag für die Lösung leisten als auch an einer ergebnisorientierten Atmosphäre in der Gruppe mitarbeiten. Versuchen Sie nicht, das Geschehen an sich zu reißen. Lassen Sie durchblicken, dass Sie Lösungsideen haben, aber bemühen Sie sich auch, die Stärken der anderen Teammitglieder herauszufinden. Bevor Sie sich in die Übung stürzen, sollten Sie also in der Gruppe einen gangbaren Lösungsweg erarbeiten. Einigen Sie sich mit den anderen auf ein schrittweises Vorgehen. Sie müssen dafür eigene Impulse liefern, aber es ist ebenso wichtig, die anderen mit ihren Vorschlägen ernst zu nehmen.

In Konstruktionsübungen kann es passieren, dass sich das Team an Detaillösungen verbeißt. In diesem Fall sollten Sie aktiv gegensteuern – lassen Sie zur Not zwei »Prototypen« erstellen, um sich dann letztendlich in der Gruppe für die besser funktionierende Lösung zu entscheiden.

Auch persönliche Spannungen zwischen Mitkandidaten sollten Sie neutralisieren und Animositäten wie »immer diese neunmalklugen Techniker« oder »typisch Marketing, viel Gerede um nichts« entschärfen. Betonen Sie, dass nur das gemeinsame Vorgehen zum Erfolg führen wird und man auf die konstruktive Mitarbeit aller angewiesen ist. Im Gegenzug sollten Sie deshalb auf konstruktive Beiträge Ihrer Mitarbeiter auch besonders eingehen und diese ausdrücklich loben, um eine positive Arbeitsatmosphäre zu schaffen.

> **Das sollten Sie sich merken:**
> Scheuen Sie sich nicht davor, eine gute Idee oder ein gelungenes Vorgehen anderer zu loben. Wenn Sie die Leistungen anderer würdigen, wird man Ihnen auch zutrauen, Mitarbeiter im beruflichen Alltag motivieren zu können.

Gerade bei der Konstruktionsübung vergeht die Zeit sehr schnell, da die meisten Kandidaten sich sehr aktiv mit eigenen Vorschlägen einklinken. Achten Sie darauf, dass die Lösung innerhalb der vorgegebenen Zeit gefunden wird. Statt mit einer 150-prozentigen, höchst innovativen Lösung an der Zeit zu scheitern, sollten Sie lieber einer einfachen, aber praktikablen Lösung den Vorzug geben.

Sollten Sie auf die sehr selten eingesetzte Konstruktionsübung treffen, hilft Ihnen unsere *Checkliste für Ihre Konstruktionsübung* bei der erfolgreichen Bewältigung.

Checkliste für Ihre Konstruktionsübung

→ Konstruktionsübungen sind in der Regel Gruppenübungen. Zeigen Sie, dass Sie sich produktiv ins Team integrieren können.
→ Erarbeiten Sie gemeinsam mit den anderen Lösungsschritte, bevor Sie ans Werk gehen.
→ Verhindern Sie, dass sich die Gruppe an Details festbeißt und die Lösung aus den Augen verliert.
→ Bringen Sie bei der Lösungsfindung Ihre eigenen Stärken und Qualifikationen in die Gruppe ein.
→ Suchen Sie nach besonderen Fähigkeiten der Mitkandidaten, die bei der Bewältigung der Aufgabe nützlich sein können.
→ Lösen Sie bei Bedarf Spannungen zwischen den Mitkandidaten auf.
→ Loben Sie gelungene Vorgehensweisen und produktive Ideen der anderen.
→ Behalten Sie die Zeit im Blick.

Test: Ihr Auffassungsvermögen

In manchen Assessment-Centern werden auch Tests – meistens Multiple-Choice-Tests – eingesetzt, um die Kandidaten zu überprüfen. Vielen sind diese Tests bereits aus Auswahlverfahren bei der Ausbildungsplatzsuche, Eignungsprüfungen bei der Bundeswehr oder einer Bewerbung beim öffentlichen Dienst bekannt. Mithilfe dieser Ankreuztests werden beispielsweise das logische Denken, das räumliche Vorstellungsvermögen oder die Konzentrationsfähigkeit der Kandidaten getestet.

Eigentlich war die Kritik an der mangelnden Vorhersagekraft des beruflichen Erfolges durch Einstellungstests der Grund dafür, dass viele Unternehmen von diesem Mittel der Bewerberauswahl Abstand genommen und stattdessen Assessment-Center eingesetzt haben. Assessment-Center eignen sich deutlich besser als Tests, um die beruflichen Eigenschaften der Kandidaten einzuschätzen – schließlich geht es um konkret beobachtbares Verhalten und nicht um abstrakte Aussagen. Dennoch gehören in manchen Unternehmen Einstellungstests zum Auswahlverfahren mit dazu.

Insbesondere bei Assessment-Centern für Berufseinsteiger werden solche Tests eingesetzt. Diese Bewerbergruppe verfügt noch nicht über ausreichend Berufspraxis, die – neben dem eigentlichen Assessment-Center – eine Aussage über den zukünftigen beruflichen Erfolg zulassen könnte. Daher soll mithilfe von Tests eine genauere Prognose über die Leistungsmöglichkeiten und die künftige Einsatzbereitschaft ermittelt werden.

Aber auch gestandene Fach- und Führungskräfte können durchaus auf Tests treffen. Das liegt vor allem an drei Dingen: Erstens wird häufig einfach nach dem Motto »je mehr, desto besser« verfahren. In diesen Fällen haben die Personalverantwortlichen die Überzeugung, dass möglichst viele verschiedene Übungen und Verfahren eingesetzt werden sollten, um ein aussagekräftiges Bild von den Kandidaten zu bekommen. Deshalb werden dann nicht nur die Übungen Selbstpräsentation, Gruppendiskussion, Mitarbeitergespräch, Kundengespräch, Präsentation, Postkorb oder Interview durchgeführt, sondern auch Multiple-Choice-Tests.

Dann hat der Einsatz von Tests aber auch rein praktische und organisatorische Gründe: Damit aufwändige Einzelübungen wie Mitarbeitergespräch, Kundengespräch oder Interview in Ruhe durchgeführt werden können, werden die anderen Kandidaten solange mit Tests »beschäftigt«.

Und drittens werden Ankreuztests auch durchgeführt, um die Belastbarkeit und Stressresistenz der Kandidaten zu prüfen, denn schließlich haben Sie für die Tests eine strikte Zeitvorgabe.

> **Vorsicht Falle!**
> Die Zeitvorgaben für Tests sind grundsätzlich zu knapp bemessen, um die Kandidaten auf diese Weise unter Druck zu setzen – lassen Sie dadurch nicht aus der Ruhe bringen!

Kommen Sie mit einzelnen Aufgaben nicht zurecht, sollten Sie sich nicht daran festbeißen oder womöglich alles hinwerfen. Wechseln Sie zur nächsten Aufgabe, um möglichst viel zu schaffen. Wir können Sie beruhigen: Es gibt selten Kandidaten, die im gesamten Test die Höchstpunktzahl erreichen. Hinzu kommt die Gewichtung: Meist tragen Tests zum Gesamtergebnis im Assessment-Center weniger bei als die anderen Übungen. Mit einem guten Abschneiden in der Gruppendiskussion oder im Mitarbeitergespräch lässt sich ein nur durchschnittliches Testergebnis meistens ausgleichen.

Das, was üblicherweise unter Tests verstanden wird, gliedert sich in verschiedene Bereiche. Es gibt die folgenden verschiedenen Arten von Tests, die alleine oder auch zusammen eingesetzt werden:

→ **Tests zum Allgemeinwissen,**
→ **Sprachverständnistests,**

- → **Logiktests,**
- → **Tests zum räumlichen Vorstellungsvermögen,**
- → **Mathematiktests,**
- → **Konzentrationstests,**
- → **Tests zur Merkfähigkeit,**
- → **Rechtschreibtests,**
- → **Tests zum technischen Verständnis und**
- → **Persönlichkeitstests.**

Tipps für den Umgang mit den zuletzt aufgeführten Persönlichkeitstests finden Sie im Kapitel *Online-Assessment: Ihr Test im Internet*. Denn gerade diese speziellen Tests zur Bewerberpersönlichkeit erleben im digitalen Assessment-Center eine kleine Renaissance.

Wenn Sie sich mit allen genannten Tests umfangreich vertraut machen möchten, empfehlen wir Ihnen unseren Ratgeber *Einstellungstest – Das große Handbuch*. Auf über 450 Seiten bekommen Sie dort einen fundierten Einblick in Tests samt dazugehörigen Lösungsstrategien.

Checkliste für Ihre Tests

- → Vor allem Berufseinsteiger sollten davon ausgehen, dass im Assessment-Center Tests eingesetzt werden.
- → Setzen Sie sich vorher mit den typischen Aufgabenstellungen von Tests zum logischen Denken, zur Konzentrationsfähigkeit oder zum Sprachverständnis auseinander.
- → Nutzen Sie den Lerneffekt von einzelnen Tests, da viele Aufgaben sich gleichen.

→ Lassen Sie sich von der knappen Zeitvorgabe nicht unter Druck setzen.
→ Beißen Sie sich nicht an einzelnen, schwierigen Aufgaben fest, sondern wechseln Sie zur nächsten Aufgabe.

10. Heimliche Übungen: Ihr Durchhaltevermögen

In Assessment-Centern stehen Sie die ganze Zeit unter Beobachtung. Leider vergessen manche Kandidaten, dass auch ihr Auftritt in den Pausen zählt. In den so genannten »heimlichen Übungen« machen sich so manche Beobachter ein Bild von Ihnen abseits der harten AC-Übungen.

Natürlich ist es verlockend, den Druck von sich abfallen zu lassen, wenn man mit einer Assessment-Center-Übung durch ist. Leider schlägt sich das für einige Kandidaten eher negativ nieder. Deshalb ist es wichtig, auch in den heimlichen Übungen souverän zu bleiben.

Ständig unter Beobachtung

Sie wissen selbst, dass Ihr Bild von Kollegen, Mitstudenten oder Bekannten auch von deren Auftritt in der Kantine, in der Mensa oder sonstigen Situationen des Miteinanders bestimmt wird. Genauso ist es auch im Assessment-Center: Es spielt durchaus eine Rolle, wie Sie sich in den Kaffeepausen, der Mittagspause oder auch am Abend beim geselligen Zusammensein verhalten.

Widerstehen Sie unbedingt der Versuchung, nach den Übungen in den Pausen nachzulegen. Lassen Sie beispielsweise die Gruppendiskussion nicht noch einmal aufflammen, nur weil Sie sich in der Übung von anderen Teilnehmern falsch verstanden gefühlt haben – dadurch schaden Sie sich eher, als dass es Ihnen einen Nutzen bringt.

> **Vorsicht Falle!**
> Bleiben Sie auch in den Pausen souverän und lassen Sie sich nicht durch andere Kandidaten zum verbalen Umsichschlagen oder zum stillen Rückzug verleiten.

Im ersten Fall wird dann gerne über Teilnehmer, die Art der Assessment-Center-Durchführung oder aktuelle Fachvorgesetzte im Stil von »Wie hat das mein beschränkter Chef bloß geschafft, sein Assessment-Center zu bestehen?« gelästert. Auch das leider oft typische Kantinenverhalten, zu kritisieren, zu nörgeln oder sich zu beklagen, bricht in den Pausen gerne durch. Kandidaten, die ein negatives Weltbild vor sich hertragen, können aber schnell die positiven Eindrücke aus den Übungen verspielen.

Im zweiten Fall – der Neigung zum Verkriechen – entziehen sich die Kandidaten oft den Gesprächen. Sie verschwinden bei längeren Pausen gerne oder lassen bei zweitägigen Assessment-Centern das abendliche Beisammensein nur ganz knapp ausfallen. Damit wecken sie deutliche Zweifel daran, dass sie tatsächlich der gesuchte, kommunikative und sozial kompetente Wunschkandidat sind.

Es können einige Patzer in den Pausen passieren, die das Bild der Beobachter über die Kandidaten mit beeinflussen. Welche Folgerungen die Beobachter daraus ziehen könnten, haben wir in der Übersicht »Patzer in den Pausen« zusammengefasst.

Patzer in den Pausen

Verhalten des Kandidaten:	Deutung der Beobachter:
Der Kandidat zieht sich in den Pausen zurück.	→ Er ist schüchtern und introvertiert.
Die Kandidatin lästert über andere Teilnehmer.	→ Sie ist intrigant.
Der Kandidat äußerst sich nur negativ.	→ Er ist übermäßig krisenorientiert.
Die Kandidatin spricht keinen einzigen Teilnehmer mit Namen an.	→ Sie ist nicht souverän im Small Talk.
Die Kandidat wirkt unsicher im Kontakt mit den Beobachtern.	→ Er hat kein Selbstbewusstsein.

Durchhalten ohne Einbruch

Unter Stress zeigt sich bei vielen Menschen ein anderes Verhalten als in entspannter Atmosphäre. Bei Ihrem Auftritt im Assessment-Center müssen Sie diese Erkenntnis berücksichtigen und darauf achten, dass Sie diesen Druck in den Pausen nicht unkontrolliert an andere weitergeben oder sich still ins Schneckenhaus zurückziehen.

Zeigen Sie sich stattdessen als im Small Talk erfahrener, kontaktfreudiger Kandidat. Sie sollten von sich aus auf andere Teilnehmer zugehen und einige nette Worte wechseln. So stellen Sie auch in den Pausen Ihr kommunikatives Geschick unter Beweis und geben sich als integrierender Teamplayer.

Ein wichtiger Punkt, den Assessment-Center-Teilnehmer immer wieder vernachlässigen, ist das namentliche Ansprechen von Mitkandidaten, Moderator und Beobachtern. Wer Schwierigkeiten damit hat, sich Namen zu merken, kann sich einen kleinen Notizzettel machen, auf dem die Namen mit einem persönlichen Erkennungsmerkmal vermerkt sind. Auf diese Weise können Sie zusätzlich punkten, denn das Ansprechen mit Namen hat stets eine positive Wirkung: Auch die Beobachter werden erfreut registrieren, dass Sie souverän auf andere zugehen können.

Wenn Beobachter in den Pausen das Gespräch mit Ihnen suchen, sollten Sie dies als kleine Auszeichnung sehen. Die Entscheider sind dann von Ihren Übungsleistungen angetan und möchten Sie näher kennen lernen. Geben Sie ruhig ein paar Kenndaten zu Ihrem beruflichen Werdegang, ansonsten sollten Sie beim unbelasteten Small Talk – also Themen wie Sport, Wetter, Kinofilm, Kultur oder Reisen – bleiben.

Die Übersicht *Souverän in den Pausen* zeigt Ihnen nochmals, wie Sie auch in den heimlichen Übungen überzeugen – damit sich der positive Eindruck, den die Beobachter in den anderen Übungen von Ihnen gewinnen konnten, weiter verfestigt.

Souverän in den Pausen

Verhalten des Kandidaten:	Deutung der Beobachter:
Der Kandidat betreibt Small Talk mit anderen Teilnehmern.	→ Er verfügt über Kommunikationsgeschick.
Die Kandidatin betont in den Gesprächen positive Aspekte.	→ Sie ist ziel- und erfolgsorientiert.

Der Kandidat sucht den Kontakt zu anderen Kandidaten.	→ Er ist integrierend und teamfähig.
Die Kandidatin spricht Teilnehmer, Beobachter und Moderator mit Namen an.	→ Sie ist sicher im Small Talk und kann einen persönlichen Draht aufbauen.
Der Kandidat bleibt im Pausengespräch mit den Beobachtern souverän.	→ Er ist selbstbewusst.

Damit Ihnen beim Small Talk nicht der Gesprächsstoff ausgeht, sollten Sie sich vor dem Assessment-Center einige allgemeine Themen überlegen, über die Sie mit den anderen Teilnehmern sprechen können. Vermeiden Sie kontroverse Themen, damit keine schlechte Stimmung entsteht, und bleiben Sie in Ihren Wortäußerungen positiv.

Folgende Punkte sollten Sie für die heimlichen Übungen im Hinterkopf haben:

Checkliste für Ihre heimlichen Übungen

→ Bedenken Sie, dass das Assessment-Center auch in den Pausen weitergeht.
→ Suchen Sie von sich aus den Kontakt zu den anderen Teilnehmern.

→ Betreiben Sie Small Talk und lassen Sie Berufliches dabei eher außen vor.
→ Emotionale Themen wie Religion, Krankheit oder kontroverse politische Ansichten haben im Small Talk nichts verloren.
→ Gut geeignete Themen für den Small Talk sind Wetter, Sport, Reisen, Hobbys, Film und Fernsehen, Literatur oder Kultur.
→ Insbesondere in zweitägigen Assessment-Centern sollten Sie bei passender Gelegenheit auch den Kontakt zu den Beobachtern suchen.
→ Beachten Sie bei den Mahlzeiten die gängigen Tischmanieren und verzichten Sie auf Alkoholgenuss.

11. Selbsteinschätzung: Ihr Reflexionsvermögen

Für die Beobachter ist es interessant, das Bild, das sie von Ihnen durch die Bewerbungsunterlagen und vor allem in den einzelnen Übung des Assessment-Centers gewonnen haben, mit Ihrem Selbstbild abzugleichen. Daher ist die Übung Selbsteinschätzung in einige Auswahlverfahren integriert worden.

Für die Beobachter ist es natürlich besonders wichtig herauszufinden, ob Sie sich überhaupt selbst die neue Stelle zutrauen. Daher spielt das Bild, das Sie von sich haben, eine große Rolle. In der Übung Selbsteinschätzung wird überprüft, was Sie von sich und Ihren Leistungen halten, also wie Sie sich selbst einschätzen.

Wie sieht Ihr Selbstbild aus?

Diese Selbsteinschätzung kann schriftlich anhand eines Fragebogens oder mündlich mithilfe eines strukturierten Interviews durchgeführt werden. Ein Sonderfall ist die vorgeschaltete Selbsteinschätzung, das heißt, bevor Sie in das Assessment-Center gehen, werden Sie gebeten, schriftlich Fragen zu Ihrem Selbstbild zu beantworten. In der Übersicht *Fragen zu Ihrem Selbstbild* stellen wir Ihnen typische Fragen vor, die in der Übung Selbsteinschätzung gestellt werden können.

Fragen zu Ihrem Selbstbild

→ »Was haben Sie in diesem Assessment-Center über sich gelernt?«
→ »Bewerten Sie Ihre Gesamtleistung im Assessment-Center mit einer Schulnote!«
→ »Geben Sie auf einer Skala von eins bis fünf an, wie Sie jeweils in den einzelnen Übungen abgeschnitten haben. Eins steht dabei für nicht ausreichende Leistungen, fünf für sehr gute Leistungen.«
→ »In welchen Bereichen sehen Sie bei sich Verbesserungsbedarf?«
→ »Wer war Ihrer Meinung nach der beste Kandidat?«
→ »Ordnen Sie Ihre Mitkandidaten bitte in drei Gruppen. Wer hat überdurchschnittliche Leistungen erbracht, wer durchschnittliche und wer unterdurchschnittliche?«

Auch in dieser Übung ist taktisches Vorgehen gefragt. Sie sollten kein unterdurchschnittliches Bild von sich zeichnen, denn wenn schon Sie selbst nicht an sich glauben, werden es auch die anderen nicht tun. Grundsätzlich sollten Sie sich im oberen Mittelfeld einordnen und besonders gute Leistungen sollten Sie auch als solche herausstellen.

Das sollten Sie sich merken:
Wenn Sie das Gefühl haben, das eine Übung nicht so gut gelaufen ist, sollten Sie sich mittelmäßig einordnen: Es gilt, die Balance

> zwischen realistischer Einschätzung und einem geschickten Selbstmarketing zu finden.

Versuchen Sie nicht, unzureichende Leistungen mit einer schlechten Tagesform, Nervosität, dem Anflug einer Erkältung oder einer missverständlichen Übungsanweisung zu rechtfertigen. Man wird Ihnen sonst attestieren, dass Sie auch im Berufsalltag eher zur Schuldverschiebung neigen und stets die Fehler bei anderen suchen.

Wenn Sie tatsächlich feststellen, dass die Beobachter mit Ihrem Auftritt eher unzufrieden waren, sollten Sie darauf verzichten, in eine Grundsatzdiskussion einzusteigen. Das Assessment-Center-Ergebnis können Sie zu diesem Zeitpunkt nicht mehr ändern. Versuchen Sie den Kern der Kritik zu verstehen, um zu einem späteren Zeitpunkt »im stillen Kämmerlein« noch einmal gründlich darüber nachzudenken. Trösten Sie sich damit, dass nun einmal nicht jede Firma und jeder Job zu jedem Menschen passen. Für Assessment-Center gilt das olympische Prinzip, also »dabei sein ist alles«. Mit einer Einladung zu einem Assessment-Center wird prinzipiell anerkannt, dass Sie beruflich einiges zu bieten haben. Und wenn nicht für diese Firma, dann eben für eine andere!

Grundsätzlich gilt, dass Sie in Ihrer Selbsteinschätzung beschreibende Aussagen verwenden sollten und Ihre Meinung mit konkreten Beispielen aus der jeweiligen Übungsdurchführung begründen sollten. Entwickeln Sie Ihre Taktik für diese Übung anhand unserer *Checkliste für Ihre Selbsteinschätzung*.

Checkliste für Ihre Selbsteinschätzung

→ Übertriebenes Eigenlob ist genauso wenig gefragt wie die Neigung, sich selbst unter Wert zu verkaufen.
→ Ihre Beurteilung über Ihr eigenes Abschneiden im Assessment-Center sollte realistisch sein.
→ Verwenden Sie für Ihre Selbsteinschätzung beschreibende Formulierungen und beziehen Sie sich auf konkrete Verhaltensweisen.
→ Wenn Sie Übungen gut bewältigt haben, sollten Sie das auch herausstellen.
→ Stellen Sie fest, dass die Beobachter mit Ihrem Auftritt eher unzufrieden waren, verzichten Sie darauf, in eine Grundsatzdiskussion einzusteigen. Es gibt auch andere Firmen, die Ihr berufliches Potential schätzen werden.

12. Online-Assessment: Ihr Test im Internet

Der Siegeszug des Internets macht auch nicht vor dem »klassischen« Assessment-Center – so wie wir es Ihnen in diesem Ratgeber vorgestellt haben – Halt. Allerdings werden ausführliche Online-Assessments, auch E-Assessments genannt, bisher von den Firmen nur vereinzelt eingesetzt.

Prinzipiell sind Online-Assessments von Online-Bewerbungsformularen zu unterscheiden. Bei Online-Bewerbungsformularen handelt es sich um standardisierte Erfassungsbögen auf den Homepages der Firmen, mit denen ähnlich wie im Lebenslauf berufliche Kenntnisse, EDV- und Sprachkenntnisse erfragt werden. Bei Online-Assessments handelt es sich dagegen um Ankreuztests im Internet.

Richtig geklickt

Aus Sicht mancher Firmen gibt es einige gute Argumente, um Kandidaten im Online-Assessment zu testen. Große Mengen von Bewerbern lassen sich per elektronischem Test im Ankreuzverfahren kostengünstig auf eine deutlich geringere Zahl reduzieren. Hinzu kommt, dass umfangreiche und zeitlich aufwändige Tests im Internet ohne personalintensiven Betreuungsaufwand angeboten werden können.

Nicht zuletzt spielt auch das Personalmarketing eine Rolle. Da Online-Assessments noch der Ruf des Unbekannten anhaftet, »spielen« besonders aufgeschlossene und computer-interessierte Hochschulabsolventen oder Ausbildungsplatzsucher gerne bei den Online-Assessments der bisher wenigen Anbieter mit. Diese Firmen bringen sich auf diese Weise als moderne und attraktive Arbeitgeber ins Gespräch.

> **Das sollten Sie sich merken:**
> Wie bei den auch sonst in der Personalauswahl eingesetzten Tests lassen sich im Online-Assessment Intelligenztests, Konzentrationstests und Persönlichkeitstests unterscheiden.

Man stellt Ihnen also verschiedene Aufgaben, um herauszubekommen, ob bestimmte gewünschte Eigenschaften oder Persönlichkeitsmerkmale in der als notwendig erachteten Ausprägung vorhanden sind. Gerade Persönlichkeitstests werden im Online-Assessment gerne verwandt. Diese Tests sind wegen ihrer nur eingeschränkten Vorhersagekraft für den beruflichen Erfolg am Arbeitsplatz allerdings umstritten. Die gute Nachricht für Sie als Bewerber: Persönlichkeitstests lassen sich mit etwas Übung leicht durchschauen.

Die Konstrukteure der Online-Assessments suchen – genau wie im klassischen Assessment-Center auch – in der Regel einen ganz bestimmten Menschentypus: den unternehmerisch denkenden, entscheidungsfreudigen und stressresistenten Teamplayer. Berücksichtigen Sie dieses Leitbild, wenn Sie sich durch die Übungen klicken.

Nähere Informationen darüber, wie Sie Ihr Antwortverhalten ausrichten können, liefert Ihnen ein gründlicher Blick auf die Stellenausschreibung des suchenden Unternehmens, die meist auch auf der Firmenhomepage zu finden ist. Bevor Sie mit Ihrem Online-Assessment beginnen, sollten Sie sich also intensiv mit den Anforderungen der zu vergebenden Stelle, aber auch mit der speziellen Unternehmenskultur auseinander setzen. Wird ein durchsetzungsstarker Macher gesucht oder eher ein konsensorientierter Teamplayer? Handelt es sich um ein dynamisches Unternehmen mit flachen Hierarchien oder einen Konzern mit eher traditionellen Entscheidungswegen?

Da Ihnen die Antwortmöglichkeiten zu den einzelnen Fragen üblicherweise vorgegeben sind, sollten Sie ohne Scheu die Variante anklicken, die Ihrer Überzeugung nach für die zu vergebende Stelle am meisten Sinn macht. Nehmen Sie das Online-Assessment nicht zu ernst: Die tatsächliche Entscheidung, ob Sie bei gerade diesem Unternehmen anfangen möchten oder nicht, treffen Sie sowieso erst nach einem persönlichen Kontakt im Vorstellungsgespräch.

Damit es zu diesem persönlichen Treffen kommt, sollten Sie sich zunächst alle Optionen offen halten, sprich: beim Online-Assessment die Antworten auswählen, die Ihrer Meinung nach bei den Personalverantwortlichen gut ankommen werden. Und auch für das Unternehmen ist das Online-Assessment ja in der Hauptsache nur ein Vorauswahl-Test, um die Bewerberzahl überschaubar zu halten.

Da auch im Online-Assessment das Motto »Versuch macht klug« gilt, brauchen Sie den ersten Durchlauf nicht gleich mit der Preisgabe Ihrer persönlichen Daten zu starten. Setzen Sie auf den Trainingseffekt und loggen Sie sich beim ersten Mal unter einer Scheinidentität ein. So können Sie sich mit den Fragen und dem Ablauf vertraut machen, ohne befürchten zu müssen, schlecht abzuschneiden. Wenn Sie dann gut vorbereitet sind, geht es in den zweiten Durchlauf – dann allerdings mit Ihrer wirklichen Identität.

Dieses Vorgehen empfiehlt sich auch deshalb, weil nicht alle Unternehmen, die Online-Assessments einsetzen, mit offenen Karten spielen, indem sie mehr oder weniger heimlich die Zeit messen.

> **Vorsicht Falle!**
> Es ist für die Firmen einfach, die Zeiten zu stoppen, die Sie für die einzelnen Übungen brauchen. Achten sie daher darauf, dass Sie sich nicht an einzelnen Fragen verzetteln.

Dass auch Ihr Zeitmanagement im Online-Assessment überprüft wird, wird allerdings nur selten schon im Vorfeld bekannt gegeben. Diese Tatsache ist also ein weiteres Argument dafür, immer zuerst einen anonymen Probelauf zu machen.

Nutzen Sie unsere *Checkliste für Ihr Online-Assessment*, um beim digitalen Auswahlverfahren nicht schon vorzeitig aussortiert zu werden.

Checkliste für Ihr Online-Assessment

→ Online-Assessments sind keine Online-Bewerbungen. Es werden also nicht berufliche Qualifikationen, sondern erwünschte Eigenschaften oder Persönlichkeitsmerkmale mithilfe von Tests abgefragt.

→ Machen Sie sich vor dem Online-Assessment noch einmal das Stellenprofil klar: Was ist für die Stelle besonders wichtig? Welche Persönlichkeitsmerkmale sind gefragt?

→ Führen Sie zu Übungszwecken erst einen Probedurchlauf mit einer ausgedachten Identität durch.

→ Klicken Sie bei den Fragen die Antwortmöglichkeiten an, die zu der zu vergebenden Stelle am besten passen.

→ Berücksichtigen Sie bei Ihren Antworten, dass in der Regel unternehmerisch denkende, entscheidungsfreudige und stressresistente Teamplayer gesucht werden.

→ Bedenken Sie, dass manche Firmen bei Übungen im Online-Assessment die Zeit stoppen, die die Kandidaten benötigen. Dies wird nicht immer vorher mitgeteilt. Arbeiten Sie daher immer zügig.

Stellen Sie sich der Herausforderung Assessment-Center

Eine Einladung zum Assessment-Center sollten Sie als Chance begreifen, Ihr Potenzial zu zeigen und den Entscheidern im Unternehmen deutlich zu machen, dass Ihre beruflichen Stärken, Ihre Erfahrungen und Ihr Engagement für die Firma interessant sind. Gehen Sie aber auf keinen Fall blauäugig ins Assessment-Center – die Chance ist sonst schnell verspielt.

Wir erleben es in unserer Beratungs- und Coachingarbeit täglich, dass sich Vorbereitung im gesamten Bewerbungsverfahren auszahlt – und dies gilt ebenso für das Assessment-Center. Für sämtliche Assessment-Center-Übungen haben wir Ihnen gezeigt, wo Sie mit Ihrer Vorbereitung ansetzen können. Machen Sie sich in Probeläufen und Übungsdurchgängen mit den besonderen Anforderungen der einzelnen Übungstypen vertraut und nutzen Sie die beschriebenen Aufgabenstellungen, um sich in Form zu bringen.

Ihre Handlungsmöglichkeiten können Sie eigentlich täglich erweitern, indem Sie die vorgestellten Gesprächsstrategien, Argumentationshilfen und Präsentationstipps ganz bewusst im Berufsalltag einsetzen, beispielsweise in Meetings, Präsentationen oder kritischen Gesprächen.

Aus Ihrem Berufsalltag heraus wissen Sie weiter, dass es tatsächlich nicht nur darauf ankommt, was Sie sagen, sondern auch wie Sie es sagen – und dabei kommt Ihrer Körpersprache eine wesentliche Rolle zu. Idealerweise führen Sie deshalb mithilfe einer Videokamera für ausgewählte Übungen Ihren persönlichen Körpersprachen-Check durch, um souverän aufzutreten.

Anschauliche Trainingsvideos zum Thema Körpersprache finden Sie auf unserer Homepage www.karriereakademie.de. Dort können Sie sich bei Bedarf auch über persönliche Coachingangebote und unsere weiteren Ratgeber informieren.

Für Ihr Assessment-Center wünschen wir Ihnen viel Erfolg!

Christian Püttjer & Uwe Schnierda

Register

A
Abwertungsfalle 34
Anforderungsprofil 18
Arbeitsmethodik 91, 94
Argumentationsketten 10
Argumentationsverhalten 19
Auswahlseminar 16
Auswahlverfahren 11, 14, 105, 111f., 122, 129

B
Beispiel
 – Assessment-Center Automobilunternehmen 16
 – Assessment-Center Handelskonzern 17
 – Entscheidungsmatrix für die Postkorbübung 106
 – Selbstdarstellung 97
 – Themen für Vorträge 80
Belastbarkeit 69f., 85, 91, 94, 113
Beratungskompetenz 74
Berufspraxis 32, 36, 95, 100, 112
Bewährungsprobe 39
Bewerberrunde 15
Bewerbungsunterlagen 9, 122
Blickkontakt 33, 35f., 38, 59, 86, 89f., 98f., 101
Brainstorming 47, 53, 81, 89

C
Checkliste
 – Auf der Suche nach Interna 26
 – Fallstudie 104
 – Gruppendiskussion 53
 – Heimliche Übungen 120
 – Interview 100
 – Konstruktionsübung 111
 – Kundengespräch 76
 – Mitarbeitergespräch 66
 – Online-Assessment 129
 – Postkorb 108
 – Selbsteinschätzung 125
 – Selbstpräsentation 37
 – Tests 114
 – Vortrag 89
Corporate Identity 24, 26

D
Development-Center 16
Diskussionsverhalten 43, 53
Durchhaltevermögen 116
Durchsetzungsfähigkeit 19, 24

E
EDV-Kenntnisse 126
Einfühlungsvermögen 19, 46, 75
Einschüchterungsgesten 59
Einzel-Assessment 15
Einzelcoaching 9

Einzelfeedback 18
Entscheidungsfreude 19f., 105

F

Falle(n) 10, 21, 31, 34, 43f., 49, 58, 61, 70, 83, 103, 113, 117, 129
Fallstudie(n) 16, 18, 20f., 26, 102 – 104
Feedback-Report 16
Fehler 10f., 26, 31, 44, 46, 57f., 60 – 62, 69 – 72, 82 – 84, 94, 107, 124
Freizeit 31, 37
Führungsqualitäten 55
Führungsstärke 55

G

Glaubwürdigkeit 12f., 58
Gruppenauswahlverfahren 14
Gruppendiskussion(en) 10f., 14 – 16, 18 – 21, 25 – 27, 39 – 53, 81, 87, 108, 112f., 116

H

Handlungsanweisungen 82, 102
»Heimliche Beobachtung« 21
»Heimliche Übungen« 21, 116, 119f.

I

Interna 20, 23, 26
Interview 11, 17, 20, 91f., 94 – 101, 112f., 122

K

Kennenlernrunde 28
Kennenlerntag 15
Kommunikationsstärke 24, 102
Konfrontation(en) 54, 59

Konfrontationshaltung 71, 74
Konstruktionsübung(en) 20, 102, 108 – 111
Konzentrationsfähigkeit 112, 114
Kooperationsverhalten 19
Körperhaltung 50f., 54, 74
Körpersprache 31, 34, 36, 45, 50f., 59, 70, 79, 89, 131f.
Kreativität 108
Kritik 37, 65, 70, 73, 79, 112, 124
Kritikfähigkeit 85
Kritikgespräch(e) 58f.
Kundenbedürfnisse 67
Kundengespräch(e) 10, 14, 20f., 25, 67 – 72, 74 – 76, 87, 112f.
Kundenorientierung 40, 67, 69, 74, 80, 91, 93

L

Leistungsmotivation 91f.
Leitbild 19f., 24, 127
Lernbereitschaft 24

M

Management-Audit 15
Mitarbeitergespräch(e) 16f., 19 – 21, 55 – 58, 60 – 62, 65 – 67, 87, 112f.
Moderator 15f., 28, 37, 45, 56, 67, 119f.
Motivationskraft 88
Multiple-Choice-Tests 111f.

O

Online-Assessment 11, 114, 126 – 130

P

Passgenauigkeit 12f.

Personalabteilung(en) 10, 15, 18, 23
Personalauswahl 9, 127
Personalberater 10, 13, 15
Personalentwicklung 14f.
Persönlichkeitsmerkmale 19, 127, 129
Persönlichkeitstest(s) 114, 127
Postkorb 14, 21, 105, 107f., 112
Postkorbübung 21, 102, 105 – 107
Potenzialanalyse 15
Präsentation(en) 14, 20, 26 – 30, 78f., 81, 83, 86, 89, 97, 104, 112, 131
Präsentationsstärke 78
Problemlösungsstärke 102
Profil-Methode® 11-13
Profil-Workshop 15

R
Realitätssinn 35, 64, 99
Reflexionsvermögen 122
Rollenspiel(e) 11, 14, 55, 58, 63, 67

S
Selbstbild 122f.
Selbsteinschätzung 17, 21, 122, 124f.
Selbstmanagement 91, 93
Selbstpräsentation 11, 16f., 20f., 26, 28 – 37, 97, 100, 112
 – gelungene 11, 29, 30, 35f.
 – misslungene 32, 36
Selbstreflexion 91, 95
Sensibilität 19
Small Talk 21, 118 – 121
Soft Skills 19, 91f.
Souveränität 98
Soziale Netzwerke 25, 42
Spannungen 110f.
Sprachkenntnisse 126
Stärkenorientierung 12f.
Stellenausschreibungen 24, 127
Stressfragen 96, 98 – 100
Stressgesten 35, 60
Stresstest 14, 31, 78, 107

T
Tatsachenorientierung 60
Teamfähigkeit 24, 46, 91, 93, 109
Teamgeist 39, 81
Teamplayer 19f., 118, 127 – 129
Trainingseinheiten 10

U
Übersicht
 – Aufgabenstellung in Kundengesprächen 68
 – Branchenspezifische Themen in Gruppendiskussionen 40
 – Der Funke springt nicht über 84
 – Ein Verkäufer ohne Talent 71
 – Fehler im Mitarbeitergespräch 60
 – Fehler in der Gruppendiskussion 46
 – Fragen im Interview 92
 – Fragen zu Ihrem Selbstbild 123
 – Gelungene Selbstpräsentation 35
 – Misslungene Selbstpräsentation 32
 – Mitarbeiter im Griff 64
 – Mitarbeitergespräche souverän führen 61
 – Negative Selbstdarstellung 96

- Patzer in den Pausen 118
- Publikum und Thema im Griff 88
- Souverän in den Pausen 119
- Themen für Vorträge 80
- Themen in Mitarbeitergesprächen 56
- Überzeugend im Interview 99
- Überzeugender Einsatz in der Gruppendiskussion 51
- Vertrieb im Blut 74

Überzeugungsfähigkeit 19
Unsicherheitsgesten 45, 59f.,70, 84, 96

V

Veränderungskompetenz 19
Verhaltens-Check 19

Vorbereitungspapiere 63, 89
Vorstellungsgespräch(e) 10, 37, 91, 100, 128
Vorstellungsvermögen 112, 114
Vortrag 11, 20f., 25, 28, 40, 78 – 90, 102, 104
- mit Fragerunde 17

W

Weiterbildung 11, 31, 33
Wertschätzung 19

Z

Zeitdruck 105, 108
Zeitmanagement 32, 45, 48, 52, 129
Zielorientierung 19, 67, 88
Zugeständnisse 58, 60, 66

Püttjer & Schnierda: Coaching und Beratung

Unsere Angebote:

→ Bewerbungsunterlagen-Check
→ Vorstellungsgespräch-Coaching
→ Karriereberatung
→ Assessment-Center-Intensivtraining
→ Führungskräfte-Coaching
→ Rhetorik-Events

Preise und weitere Details zu den einzelnen Beratungsmodulen finden Sie im Internet unter **www.karriereakademie.de**

Püttjer & Schnierda
Raiffeisenstraße 26
24796 Bredenbek/Naturpark Westensee
Tel. 04334 183787
team@karriereakademie.de

www.karriereakademie.de

Kostenlos:
15-teiliges Videotraining unter www.karriere-akademie.de

Christian Püttjer, Uwe Schnierda
Vorstellungsgespräch – vorbereiten, überzeugen, gewinnen

Bewerbung Last Minute.
4. aktualisierte und erweiterte
Auflage 2012. 127 Seiten
ISBN 978-3-593-39617-0

Auf der Zielgeraden

Die Bewerbungsexperten Christian Püttjer und Uwe Schnierda zeigen in diesem Ratgeber, wie Sie im Bewerbungsgespräch sicher und souverän auftreten, Ihre Stärken überzeugend präsentieren, eventuelle Schwächen und Lücken im Lebenslauf plausibel erklären, glaubwürdige Argumente für Ihre Einstellung liefern, ein angemessenes Gehalt verhandeln und auf Stressfragen souverän antworten.

»Konkret, kompakt, anschaulich.« Hamburger Morgenpost

Frankfurt. New York

www.campus.de

Christian Püttjer, Uwe Schnierda
Erfolgreich in der Probezeit

Bewerbung Last Minute
2., überarbeitete Auflage
2011. 124 Seiten, kartoniert
ISBN 978-3-593-39559-3

Die ersten 100 Tage

Die ersten Wochen und Monate im neuen Job sind entscheidend für die berufliche Zukunft. Püttjer & Schnierda wissen ganz genau, worauf es ankommt, und stehen mit Rat und Tat zur Seite. Komplett überarbeitet und erweitert: jetzt mit konkretem Leitfaden für die ersten 100 Tage im neuen Job.

»Für alle, die in ihrer Probezeit nichts dem Zufall überlassen wollen.« Emotion

www.campus.de

Frankfurt. New York

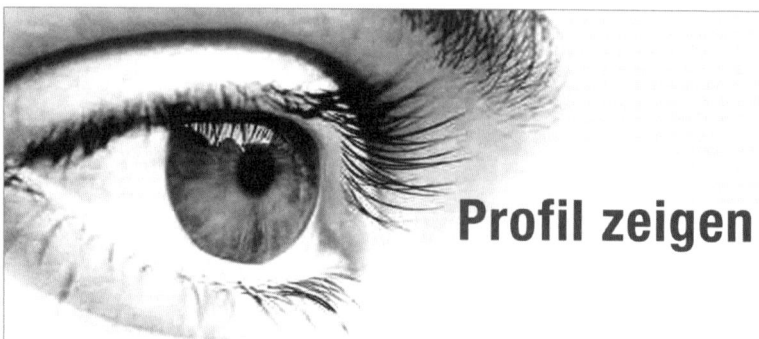